U0120746

嘿,你的生活
被这些植物改变了

王 瑛　谭如冰　王晨绯 主编

中国林业出版社
China Forestry Publishing House

图书在版编目（CIP）数据

嘿，你的生活被这些植物改变了 / 王瑛，谭如冰，
王晨绯主编 . -- 北京 ： 中国林业出版社，2023.6
ISBN 978-7-5219-2177-9

Ⅰ . ①嘿… Ⅱ . ①王… ②谭… ③王… Ⅲ . ①植物一
普及读物 Ⅳ . ① Q94-49

中国国家版本馆 CIP 数据核字（2023）第 063979 号

责任编辑：肖 静　邹 爱
封面设计：趣至文化
————————————

出版发行：中国林业出版社
　　　　　（100009，北京市西城区刘海胡同 7 号，电话 83223120）
电子邮箱：cfphzbs@163.com
网址：www.forestry.gov.cn/lycb.html
印刷：河北京平诚乾印刷有限公司
版次：2023 年 6 月第 1 版
印次：2023 年 9 月第 2 次
印数：3501—5500
开本：889mm×1194mm　1/20
印张：8.3
字数：120 千字
定价：56.00 元

《嘿，你的生活被这些植物改变了》编写委员会

主 编

王 瑛　谭如冰　王晨绯

编 委

陈新兰　刘 蓉　唐 玖　尹姝慧

插 画

趣 至 文 化

植 物 科 学 画

余 峰

序一

　　一天一地，一尘一土，一花一叶，一草一木，自然奥妙，逐梦寰宇问苍穹，藏匿山川，点滴现于平实生活。

　　枸杞、檀香、兜兰、茶、甘草、石斛、木兰……日常生活中，我们常见这些植物，或食药用，或品鉴赏。芳草鲜美，细探究竟，我们与植物的故事从何处而来，又往何处而去？所谓窥一斑而知全豹，我相信在这本书里，读者朋友们能找到自己的答案。

　　人类身为自然界的一分子，认识世界视角多元，探索生活方法多样。千百年来，人类与植物的故事，有盲目利用、过度开采、资源争夺、同类相残，也有敬畏生命、科学培育、回馈自然、和谐共生。

　　自然规律何其奇妙，所谓橘生淮南则为橘，生于淮北则为枳，三月茵陈四月蒿，五月六月当柴烧，植物是特定地域时宜的产物，也因此承载了特色的文化与内涵。书里介绍的有关植物的传说，不论是游子怀揣千里思乡念亲的枸杞、仙女下凡玩耍遗落人间的兜兰，还是质本高洁不畏艰苦的木兰，描绘的都是人类寄于植物的真挚与敬意。

　　当然，随着科学技术的进步与商业贸易的发展，植物不再是限定范围内的特殊产物，如自古以来备受国人喜爱的舶来品檀香实现了本土栽培，石斛可以是传统中草药配方或中式养生汤饮材料，甘草可以是口味丰富的西式糖果或新型配方的护肤品成分。科技创新拓宽了人类交流的边界，也创造了植物与人类关系的更多可能。

道法自然，万物生长。植物是生态系统中不可或缺的重要存在，与人类的所需所取互相作用，影响甚至改变着我们的生活。一花一叶，一草一木，一箪食，一瓢饮……敬畏自然，我们通过科技与植物的对话源远流长，生生不息。

2023 年 5 月

序二

春华秋实，白驹过隙，不知不觉我已在中国科学院华南植物园工作12年，每天感尚着数万种植物的聚会，或郁郁葱葱、苍翠欲滴，或花团锦簇、落英缤纷，四时异景，妙趣横生，让人沉醉，也让人热爱。

我热爱我的工作，在工作中也找到为之奋斗的方向。2017年起，我开始从事"植物园区域特色植物发掘和产业化"项目的支撑工作。这个项目的科研成果非常有应用价值，比如华南地区兜兰新品种培育和种苗快繁技术世界领先，石斛栽培技术及新品种推广至行业80%的企业，檀香突破繁殖障碍实现规模生产，等等。

我的工作之一是将项目成果进行科学普及。为此，我组织策划了一系列科普活动和展览展示，拍摄兜兰、枸杞等植物科普微视频，和王晨绯一起撰写科普文章，探索用公众容易理解的形式，让大家更多地了解植物、了解植物园、了解植物学家给大家生活带来的改变。

在工作中，我发现大家对植物和植物科研的理解度很高，但参与度不够。虽然大家普遍认同植物与人类生活息息相关，植物学家的科研工作很重要，但植物科研为什么重要，科研成果对自己日常生活有哪些积极促进作用，知之寥寥。

事实上，正是植物学家们孜孜不倦的研究，才让枸杞鲜食成为现实，让单花兜兰成为一梗双花，让中华仙草石斛成为老火靓汤。植物科研跟我们日常生活有密切的关联。所以，以引人入胜的科普写作模式引导读者进行探索和体验，建立起自身与植物更生动直观的联系，是本书编写的初衷。

本书讲述了 7 种特色植物的故事，为文字绘制上百幅精美插画，随章设置"阅读笔记"和"植物科学画"，供读者回顾思考和欣赏临摹。故事来源主要是相关知识性文献。笔者才疏学浅，难免有考虑不周的地方，恳请大家提出宝贵意见，以便后期不断修正和补充。

　　在此要特别感谢中国科学院华南植物园陈忠毅研究员对本书写作的启发和鼓励，感谢陈新兰老师对木兰章节的撰写和编校，感谢余峰老师同意将她的植物科学画作品收入本书相关章节，感谢段俊研究员、曾宋君研究员、马国华研究员、李勇青研究员、房林副研究员、张新华副研究员、杨小满副研究员和李玉萍博士、朱晨博士对石斛、兜兰、檀香、甘草和茶章节的修订审校，感谢唐玖博士、刘蓉博士和尹姝慧博士对随章"阅读"的建议及对全文的审校补充。

　　希望本书能让区域特色植物成为你捕捉世界的某个坐标，或追寻生命意义的一束光。

谭如冰

2023 年 5 月

序 三

2019 年的某天，谭如冰老师给我发了条微信："想不想合作一本科普书籍？"我收到这样的信息高兴又惶恐。高兴的是，多年的写作得到认可，因为我的工作就是了解和报道优秀实验室的科研成果。惶恐的是，这样极其专业的科普任务对于没有植物学背景的我而言是困难的，难免在专家面前犯下错误。

深思熟虑后，我想尝试一番，希望读者能够容忍我的冒险。

为了弥补植物学的短板，我阅读了大量的文献和书籍。随着文献阅读的深入，也越来越了解一些植物。我发现植物很有趣，比如颜值颇高的兰科兜兰属植物，不仅是"骗子"，还是"赌徒"；植物是很有个性的，比如大叶茶和小叶茶虽然同为山茶组茶属植物，但在个头形态和茶叶风味上各有千秋；植物也很聪明，比如檀香幼苗在利用完胚乳的营养后，会不动声色地在地下搜寻寄主，此后用吸盘牢牢吸附在寄主身上"不劳而获"；植物还承载了人类历史的喜与悲，如枸杞在北美的传播离不开修建太平洋铁路华人劳工的乡愁，如今已成为当地的超级食物。每种植物都有一个迷人的故事，隐藏着不为人知的秘密。

生生不息的植物，每一粒种子，每一朵花，都是从久远的古代走来，然后以其生命滋养众生。人类对植物的依赖已经渗透到生活、健康、文化甚至宗教信仰上。没有植物，我们根本活不下去。毫无疑问，植物是伟大的！

于是，我们从伟大的植物中撷取了 7 种展开科普：枸杞、檀香、茶、兜兰、石斛、木兰、甘草。因为这几种植物和人类生活密切相关，具有极高的经济价值，华南植物园的科学家们对它们颇有研究。每一个章节，都得到了科学家朋友们的"倾囊相授"，他们的严谨细心和谦虚治学在一条条批注里一览无余。

　　植物也是脆弱的！这 7 种植物里的檀香、兜兰、石斛、木兰、甘草都面临野外生存困境。无论我们对植物做了什么，它们都无法诉说、无法提高音量或拍桌子发出警告。植物需要有人帮它们做些事。

　　正如英国生物学家珍妮·古道尔所说："唯有理解，才能关心；唯有关心，才能帮助；唯有帮助，才能都被拯救。"

2023 年 5 月

目录

3

嘿，你的生活被这些植物改变了

第一章 / 枸杞

中国大西北，黄河岸边，宁夏人数百年来一直种植着一种备受亚洲人喜爱的植物。猜猜它是什么？

宁夏有杞树

中国大西北，黄河岸边，宁夏人民数百年来一直种植着一种备受欢迎的植物。

这种植物结出的椭圆形红色小浆果被当地人称为"红宝石"，也就是人们熟悉的枸杞子，它被认为具有很高的药用价值和抗衰老的神奇力量，现在作为一种超级食品在全球范围获得了新地位。

枸杞树是一种略带刺的落叶木质灌木，人工栽培和修剪时通常高1～2米，在自然状态下可以长到3～4米高，一般第三年就会结出枸杞子。

　　枸杞为茄科枸杞属植物。和枸杞同属茄科的亲戚还包括土豆、番茄、茄、辣椒、烟草，只不过枸杞比亲戚们更高大结实，更长寿点儿。

　　中国植物志记载全球枸杞属植物约 80 种，其中，中国产 7 种 3 变种。分别是宁夏枸杞、黄果枸杞、中华枸杞、北方枸杞、新疆枸杞、红枝枸杞、黑果枸杞、截萼枸杞、云南枸杞和柱筒枸杞。

药食同源的宁夏枸杞

根据枸杞的功效，民间流传着枸杞许多别名：天精、地精、青精、明眼草、地骨、苦杞、地仙、西王母杖，等等。这些别名都有各自的民间传说生动地讲述枸杞的功能，如西王母杖的雅称则是因为枸杞茎干质地坚硬，曾是西王母使用过的拄杖。

西王母的拐杖来自哪里无从考据，但据《本草纲目》记载，在全国7个种和3个变种的枸杞种植区域中，只有宁夏枸杞属药食同源的滋补佳品。

宁夏枸杞全身都是宝，根皮、花、叶、果实都可入药。

| 枸杞子 | 天精草 | 长生草 | 地骨皮 |

宁夏枸杞果实呈纺锤形或椭圆形，中药名为枸杞子，性味甘平，有滋阴补肾、益精明目的作用。

宁夏枸杞叶为披针形或长椭圆状披针形，中药名为天精草，鲜嫩可供食用。

宁夏枸杞淡紫色的小花，滋肾润肺，中药名为长生草。

宁夏枸杞根皮可入中药，名为地骨皮。

枸杞子不仅富含枸杞多糖、枸杞红素和类黄酮，还含有甜菜碱、氨基酸、维生素、烟酸、钙、磷、铁等多种人体所需的营养成分，且味道甜美，果香浓郁，具有非常好的保健功效。

📖《神农本草经》记载："枸杞久服能坚筋骨、耐寒暑，轻身不老，乃中药中之上品。"

道地枸杞出中宁

中宁地处宁夏中部干旱带，有着独特的地理位置和气候资源，中宁枸杞栽种在盐碱性土壤里，享用矿物质极其丰富的黄河水、清水河和苦水河

的混合灌溉，形成"甘美异于他乡"的独特品质。中宁是宁夏枸杞的核心产区，也是世界枸杞的发源地和道地产地。

据史籍记载，中宁栽培枸杞，在明弘治年间即被列为"贡果"。

每年 7~9 月的采摘时节，农户们蹲在齐腰高的灌木丛前，熟练地从纤细柔软的枝条上摘下一小撮浆果，放进随身的竹篮里。

嘿，你的生活被这些植物改变了

保温杯里泡枸杞

几个世纪以来，枸杞已成为中国人药品和保健品清单中不可或缺的角色。中医师在给患者开药时，会将枸杞与其他中药材进行配伍组合；家家户户的厨房里，小小的枸杞是香浓鸡汤上跳跃的音符；在网络文化流行的时代，保温杯里的枸杞更是养生一族的标准配置。

那么，"保温杯里放枸杞"究竟有没有科学依据呢？

泡水服用枸杞其实是所有服用方法中吸收其营养成分最完全的方法。开水浸泡后，待水自然放温，枸杞吸水恢复原鲜果状态，新鲜美味重新启动。而且枸杞配合菊花泡水具有清肝明目的功效，对用眼过度的现代人甚为友好。

此外，枸杞几乎没有不良影响的报道。不过，中医的观点认为如果一个人发烧、发炎或喉咙痛，我们在中医上称之为体内有"热"，不建议他（她）在这段时间服用枸杞。从现代医学药理角度来看，枸杞有模拟雌激素的作用，所以孕妇或对雌激素敏感的疾病患者也不宜食用枸杞。

📖《本草纲目》记载"枸杞子甘平而润，性滋补……能补肾、润肺、生精、益气，此乃平补之药。"

大约五汤匙或一盎司（28克）红枸杞干可以提供以下营养价值：

·卡路里：98

·蛋白质：4克

·脂肪：0.1克

·膳食纤维：3.6克

·糖：13克

·类胡萝卜素：97.3毫克

·维生素C：15毫克

·铁：1.9毫克

·钙：28.4毫克

·枸杞红素：53.9毫克

功能食品 Goji berry

时代正在悄悄改变枸杞的食用方式，枸杞也正在全球流行。

网络上有专门的"枸杞"话题标签，广受年轻人追捧，不少人还新创了令人意想不到的枸杞食谱：枸杞雪糕、枸杞沙拉、枸杞燕麦饼、枸杞生日蛋糕、枸杞曲奇、枸杞手抓饭、枸杞芽茶、枸杞叶猪肝汤、枸杞原浆、枸杞冻干粉、枸杞籽油、枸杞糖肽等等……

枸杞甚至被列入北美的"超级食品"，有了它通用的中文拼音化名字"Goji"，人们开始在自家后院栽种这种超级灌木，一家苗圃的枸杞广告词特别醒目："一株年收益175美元的浆果"！

不是所有人都认同枸杞可以滋补肝肾、益精明目，但大家都认同这是一种功能食品。

枸杞的维生素C含量比橙子高，枸杞红素含量比胡萝卜高，铁含量比牛排还高。枸杞的流行源于全球对其特性的认识，对枸杞营养功效的现代研究结果更是为枸杞的药用和营养价值提供了科学支持。

凤凰之泪

除了营养价值，超级浆果的价格也鼓舞着美国农民的种植热情。

北加州圣罗莎市枸杞农场的温室里，这位带刺的后起之秀与昂贵的'赤霞珠'葡萄和'黑皮诺'葡萄共享温室。枸杞农场的创建人菲舍尔偶然了解到枸杞也能适应加利福尼亚州北部的气候条件后，就开始寻找本土枸杞品种。结果，他不仅找到了，还挖掘出一个满是乡愁的故事。

2004年秋天，已故的唐纳德-道格斯博士在犹他州鸽子溪猎鹿时，惊讶地发现了一大片枸杞林。鸽子溪是一个人迹罕至的地方，不可能有人会来此栽种枸杞，那这么一大片枸杞林是怎么来的呢？

故事要追溯到 150 年前，横贯北美大陆的太平洋铁路最后阶段的修建工程经过鸽子溪。修建这条铁路的劳工主体是华工，鸽子溪是当时华工的施工营地之一。也许这些枸杞是华工年迈母亲不舍的牵挂，跟随华工来到异国他乡，浆果中的种子无意间在这里生根发芽、苗壮成长并结出果实。果实或许又滚下山坡，或随鸟儿传播，或被冲到下游的小溪中，又重新生根发芽、繁衍生息，造就了如今这一片郁郁葱葱的枸杞林。

这样的猜想并非凭空而来，鸽子溪的枸杞经过 DNA 测试，与中国宁夏回族自治区的市售枸杞进行比较发现，它们的 DNA 序列几乎完美配对。

道格斯发现这一片枸杞林后，在犹他州建立了枸杞培育基地，并向美国其他州大批输出种苗。他也给自己发现的这些枸杞取了一个具有诗意且蕴含传奇的名字：凤凰之泪。

费舍尔从道格斯博士那里购买了 644 株原生枸杞，2013 年回到北加州创办了美国枸杞农场。这些原本来自中国的浆果已经在索诺玛县的月亮谷找到了自己的家，也改变了费舍尔的生活。

如今，在美国和加拿大各地都在尝试种植枸杞。加拿大东部的安大略省有 162 亩[①]的种植面积，美国西部的加利福尼亚州的种植面积高达 728 亩。

---

① 1 亩 = 1/15 公顷，以下同。

新鲜枸杞你吃过吗

作为番茄的近亲，新鲜的枸杞浆果红亮光滑，晶莹剔透，一口咬下去皮薄多汁，鲜嫩甘甜中略带一丝清苦，还不怎么上火。

新鲜枸杞的果皮极薄，非常容易破损，采摘 10 分钟后就会开始软化，24 小时就会开始腐败，所以市场上鲜少有新鲜枸杞，通常被加工成干果出售。

在枸杞的主产区中国，植物学家致力于从基因根源上解决这个问题，尝试培育出果实较大、口味甘甜、种子较少又颜色漂亮的鲜食枸杞新品种。'中科绿川 1 号'红果枸杞，'中科皇杞'黄果枸杞、'杞鑫 3 号'紫果枸杞等新品种陆续上市。

此外，采用真空预冷、微孔膜气调包装以及冰温贮藏进行保鲜处理，也能大幅延长枸杞鲜果的保质期，为市场提供美味可口的新鲜枸杞。

'中科绿川 1 号'

'中科皇杞'

'杞鑫 3 号'

会变色的黑果枸杞

黑果枸杞的浆果呈球形，成熟后紫黑色，有甜味，有野生的"蓝色妖姬"之美誉。

黑果枸杞

花青素

与其他枸杞最显著的区别在于：黑果枸杞含有丰富的花青苷成分，其含量是蓝莓、葡萄、桑葚、紫薯、紫甘蓝等果蔬的几倍至几十倍；因此，黑果枸杞被称为"花青素之王"。黑果枸杞花青苷具有良好的抗氧化作用，是非常有效的天然水溶性自由基清除剂。

与蓝莓、葡萄等的花青苷相比，黑果枸杞花青苷具有较好的稳定性，但光、热、酸碱度、氧、金属离子和各种添加剂等仍然会对其稳定性产生影响。

例如，黑枸杞用自来水（碱性水）冲泡是蓝色，矿泉水（酸性水）冲泡是紫色。此外，温度过高会破坏黑枸杞中的花青素，最适宜冲泡黑果枸杞的水温为 50～75 摄氏度。

晒干的黑果枸杞可以直接食用或泡茶、入药、泡酒。冲泡后，如夜空般的蓝黑色在水中缓缓氤氲，神秘而又美丽。

碱性水中浸泡呈现蓝色

酸性水中浸泡呈现紫色

今后科技将如何改变枸杞，枸杞又将怎样改变人们的生活，谁也不知道。也许枸杞酱会比番茄酱的滋味更丰富，也许它会成为最养生的冰激淋，也许它会成为最受欢迎的家庭盆栽，敬请期待……

📖 黑果枸杞冲泡后呈现的蓝黑色正是因其富含的花青素！

我的阅读笔记

一　本章枸杞哪些内容让我印象深刻？请勾选。(多选)

1. 与枸杞同属茄科植物的有：□土豆　□番茄　□辣椒　□烟草

2. 哪种中国枸杞是地道药材？

　　□红枝枸杞　　□柱筒枸杞　　□中华枸杞　　□宁夏枸杞

3. 有利于生产高品质宁夏枸杞的环境条件是？（多选）

　　□酸性土　　□碱性土　　□昼夜温差大　　□光照充足

4. 不适宜食用枸杞的人群？（多选）

　　□感冒发烧的患者　　□身体有炎症的病人　　□孕妇　　□糖尿病患者

5. 黑果枸杞的主要抗氧化成分？□花青素　□甜菜碱　□多糖　□维生素C

二　宁夏枸杞各个部分对应的中药名是什么呢？请连线。

果实　　　　　叶　　　　　花　　　　　根皮

长生草　　　　地骨皮　　　　天精草　　　　枸杞子

（三）枸杞是中国人药品和保健品清单中不可或缺的角色，以下哪些选项是中国传统的枸杞食用方法？

☐ 老火煨汤　　☐ 枸杞菊花茶　　☐ 枸杞燕麦　　☐ 枸杞雪糕

（四）有哪些措施利于人们吃到新鲜枸杞呢？

～～～～～～～～～～～～～～～～～～～～～～～～～～～～～～～～～～～～

～～～～～～～～～～～～～～～～～～～～～～～～～～～～～～～～～～～～

～～～～～～～～～～～～～～～～～～～～～～～～～～～～～～～～～～～～

～～～～～～～～～～～～～～～～～～～～～～～～～～～～～～～～～～～～

～～～～～～～～～～～～～～～～～～～～～～～～～～～～～～～～～～～～

～～～～～～～～～～～～～～～～～～～～～～～～～～～～～～～～～～～～

中华枸杞

尝试临摹一幅吧

嘿，你的生活被这些植物改变了

第二章／檀香

有一种树备受人类推崇，人们对它的喜爱臻于「迷信」的程度。

嘿，你的生活被这些植物改变了

绿色黄金

檀香、沉香、麝香以及龙涎香并称为世界四大香。它在国际贸易中，因价格昂贵，被称为"黄金之树"；在风水学里，因有招财辟邪之用，被誉为"招财之树"；在宗教领域里，因象征着高贵与权位，被誉为"神圣之树"。

檀香自然分布于帝汶岛及其附近印度、马来西亚及印度尼西亚等地。历史上应用最广的是檀香（*Santalum album*），也叫白檀香、印度檀香。值得注意的是，

山矾科有一种植物叫白檀（*Symplocos paniculata*），虽然和白檀（香）中文名字相同，实际上是两种不同的植物。

中国应用檀香已有1500多年的历史。在苏敬等编撰的《新修本草》中，檀香被编入紫真檀木条目下，对檀香的产地和分布进行补充说明，明确指出檀香"出昆仑盘盘国，惟不生中华，人间遍有之"，意为我国虽无檀香的天然分布，却广泛应用檀香。

📖 中国应用檀香已有1500多年的历史。

嘿，你的生活被这些植物改变了

檀香落户到中国

中国有目的性地开展檀香引种栽培试验至今也才百年光景。

我国最早开始引种檀香的地方是台湾。1913年，他们从法国购得檀香种子，但当时因未掌握栽培管理技术，以失败告终。1916年，他们继续从日本购入种子，虽已成功培育出幼苗，但因1919年遭到台风袭击，引种栽培计划被迫中止。

中国大陆现在种植的檀香也是从国外引种的。

华南国家植物园于1955年首次从印尼获得檀香种子，并于1962年将种子繁育成功。1980年又直接从印度引入优良檀香种，也繁育成功。

此后，植物学家利用先后引进的两批檀香结下的种子，在广东、广西、云南、海南、四川等地开展扩大试种，并最终于1997年前后收获到具有商业价值的檀香心材和檀香精油，实现这一重要珍贵的经济用材树种在中国的落户。

📖 新世纪后我国檀香开始规模化栽培。

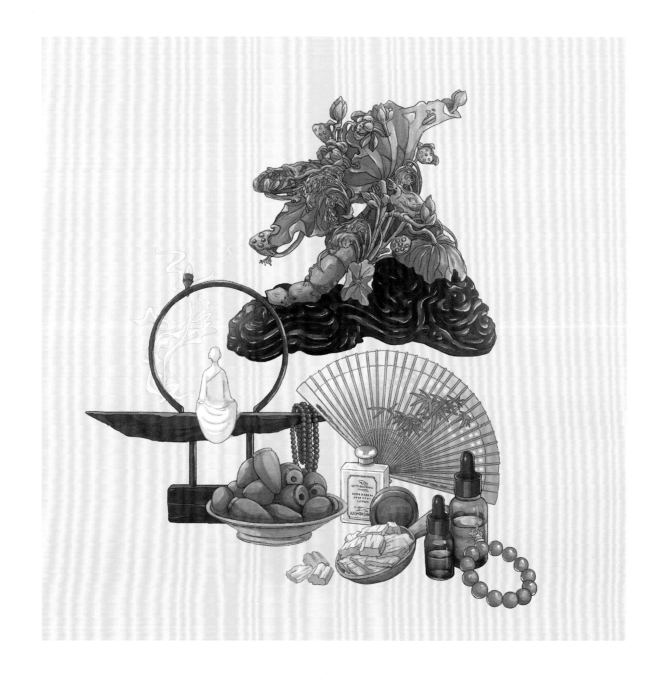

宝藏树木

狭义的檀香木通常是指檀香科檀香属植物的木质部心材。该属已知植物仅有 16 个种和 15 个变种。

没有什么树木比檀香更受欢迎了。

檀香心材比重最高可达 0.97~1.07。其纹理致密均匀，是制作精细工艺品和木刻的优良材料，多用于雕刻佛像、人物和大象等动物造型，制作檀香扇、首饰盒、相框、棋盘等精细工艺品及各种纪念品。

檀香锯木屑可以制成香囊置于衣箱、橱柜中熏香衣物。

檀香木粉末大量用于制作线香和盘香。这些香除用于寺庙、敬神等宗教仪式外，也用于日常家居生活，使室内空气馨香、清除异味。

从檀香心材蒸馏出来的近于无色至淡黄色略有黏性的油液叫檀香油，化学成分主要为 α-檀香醇和 β-檀香醇。檀香油是良好的定香剂，可与各种香料混合，使其他易于挥发的精油的香味更为稳定和持久，是配制高级香水、香精不可缺少的基本原料。

📖 檀香的芳香物质主要来自心材，形成心材的过程被称为"结香"。

国人对檀香的喜爱

中国曾经是檀香的最大消费国，主要用于家具、燃香和木雕。

1987 年 4 月，在陕西省扶风县法门寺的唐代地宫出土了佛教创始人释迦牟尼的第一枚和第三枚指骨舍利，它们均用檀香木制作的宝函装着。这表明中国早在 1100 多年前就开始利用檀香木料进行雕刻了。

北京雍和宫万福阁内存有一座高 26 米，直径 3 米的巨型檀香木雕弥勒佛像，造型生动逼真。这一举世无双的雕像是在乾隆年间制作出来的。原材料采自尼泊尔一株巨大的檀香树，由陆运至海运又到陆运，动用无数人力经过 3 年运到北京，先立于地下，再请巧匠雕琢而成。

从国人如今仍然延续的对红木的热衷，就可以想象当年中国人对檀香木的痴迷。

檀香如此受欢迎，在国际贸易中甚至产生了专门的檀香贸易。檀香贸易兴于盛唐至五代时期，到宋代被民间社会广为接受。在长期的贸易往来中，檀香客们练就出一个本领——仅凭眼、鼻、手就能辨别檀香的产地、品级。

📖 绝大部分木材都是以体积论价，檀香则一直以斤两论价，目前市场价格每千克高达3000～5000元，而且长期供不应求。

香与药

最早将檀香作为香料使用的是 4000 年前的古印度人。在古印度，檀香被磨碎制成香膏涂身。不同阶层涂抹的香膏不同，而檀香香膏是婆罗门种姓身份的标志。《梨俱吠陀本集》是印度最古老的诗歌集，相当于中国上古时期的《诗经》，其歌颂兽类的母亲森林女"有油膏香气，散发芬芳"。

浩瀚无际的沙漠、载着檀香的驼队、住着精灵的神灯是《天方夜谭》中阿拉伯世界里的经典场景。檀香在阿拉伯国家扮演着重要的角色。除了日常使用，《穆斯林的葬礼》中也常用到檀香：用檀香熏的白棉布包裹尸体，是真主给予所有逝者的礼遇。檀香还是阿拉伯帝国时代香药疗法的重要组成部分。该疗法曾风靡几个世纪，直至今日的各阿拉伯国家的皇室。

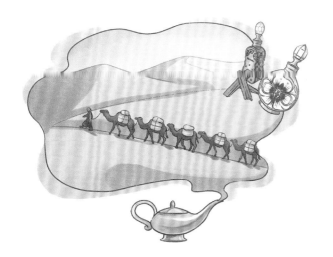

檀香也在中国本土广泛使用。南北朝的梁代，檀香就已经载入《本草经集注》《名医别录》，认为檀香木有理气温中、和胃止痛之功效。古代女性常以檀香等香料制成的香粉遍搽身体。宋代文献中记录当时女性敷身香粉——"梅真香"，即用檀香、零陵香叶、甘松、丁香、白梅末及龙脑麝香等混合研磨而成。

檀香的环太平洋飞行

　　檀香客眼中的极品非印度老山檀莫属，而原产地在迈索尔的老山檀，更是檀中的硬通货。

　　由于印度禁止檀香木材出口，目前世界上大部分的檀香木材取自澳大利亚的澳洲大果檀香。这种可高达 4 米的常绿小乔木给澳洲当地人带来了巨大的财富。

　　近些年，由于印度檀香原木被过度采伐和贸易，印度政府明令严禁出口原材料，包括大于 50 克的碎块及碎木小片。因此，印度檀香价格从 2004 年开始暴涨，而且价值上涨趋势仍将持续下去。如果去印度旅游，入境之后你会首先收到中国大使馆的短信提示：不要携带任何檀香制品出境，否则将会受到边境检控。

白檀　　　　　　　　　澳洲大果檀香　　　　　　　　夏威夷檀香

除此之外，市面上流通的檀香木材还有一部分来自夏威夷。当然，檀香客们认为它的品质要次于印度和澳洲的檀香木。

从地理分布可以看出，檀香属基本上是一个热带属。全属 16 种中，白檀香集中分布于印度和印度尼西亚，大花澳洲檀香、伞花澳洲檀香等 5 种比较集中分布于澳大利亚。太平洋诸岛和夏威夷群岛也有其他 9 种檀香种群的分布。而原产于智利胡安费尔南德斯群岛的智利檀香现已灭绝。

目前，檀香被广泛引种到斯里兰卡、西澳大利亚、南太平洋多个岛国和中国等地人工栽培。

📖 大花澳洲檀香、伞花澳洲檀香、密花澳洲檀香、钩叶澳洲檀香、澳洲大果檀香比较集中分布于澳大利亚；新喀里多尼亚檀香、小笠原檀香，斐济檀香、巴布亚檀香均分布在太平洋诸岛上；塔希提檀香、亮叶夏威夷檀香、滨海夏威夷檀香、垂枝夏威夷檀香、榄绿夏威夷檀香5种分布于夏威夷群岛。

嘿，你的生活被这些植物改变了

檀香山： 成也檀香　败也檀香

鸟类肯定意识不到，它们无意带到夏威夷群岛的檀香种子，在这里发芽、生根、茂盛、繁衍，许多年后，引发了一个人类王朝的国难，也对夏威夷森林生态产生了极大的负面影响。

夏威夷檀香资源丰富，当地居民一开始只知道这是一种燃烧以后有香气的树，把它当作柴火焚烧。他们叫它 Laau ala（意思是"芳香木"）。

1778 年，商人首次注意到这些岛屿上存在檀香木。当时，檀香木贸易已经在印度与欧洲之间开展得如火如荼。不到 2 年时间，不计其数的船只聚集于此参与檀香贸易。

1810—1825 年，夏威夷的檀香木贸易达到顶峰。木材销售目的地主要是中国广东。夏威夷首府火奴鲁鲁因盛产檀香木且大量运至中国而得俗名"檀香山"。

当时的夏威夷王国处在"太平洋拿破仑"卡美哈梅哈（Kamehameha）一世的统治下，国家靠大量出口檀香木开启了新的篇章。但多年的粗放交易，惊人的砍伐速度让岛内成片的檀香林已难寻踪迹。1826 年，为了找到檀香木，无良的商人用最恶劣的方法焚烧森林，循着檀香散发的芬芳气味，砍尽了檀香树。

当夏威夷的好买卖走到尽头时，恰好一则消息传来：太平洋中某个岛屿上有大量急需的檀香木！王子兼夏威夷瓦胡岛首领博基顿时兴奋起来，决定率队亲征，试图占领此岛以便永久拥有那里的檀香木。满怀着发财的美梦，满载士兵、武器弹药和殖民所需物资近 500 人的卡美哈梅哈号和贝克特号两艘战船出发了。

📖 夏威夷国王"太平洋拿破仑"卡美哈梅哈一世及其下属，靠檀香木贸易积聚起可观的财富。

　　然而，先于贝克特号十天登岛的卡美哈梅哈号消失得无影无踪。贝克特号成功上岸后与当地人矛盾立显，船舱仿佛成了停尸所。最终，船队只剩下20人返回檀香山，博基也未能活着回来。为了发财损失如此多大活人，令大家切身感受了一场国难。夏威夷轰轰烈烈的檀香木贸易就以这样的悲剧谢幕了。

　　美籍奥地利探险家、植物学家约瑟夫·洛克的文章里记载了这一故事。他提到疯狂的檀香贸易衰落后，檀香木树林被大举破坏，但没有完全灭绝，仍然藏在不易接近的山坡上。比如，在海拔5000英尺处见到特别高大的檀香木：高50英尺，胸径1.5～2英尺，树皮黑色光滑，叶暗绿色，果橄榄形、黑色。

📖 贪婪的人类向大自然无尽地索取，到1830年，夏威夷的檀香木贸易已完全崩溃。

1英尺＝0.3048米

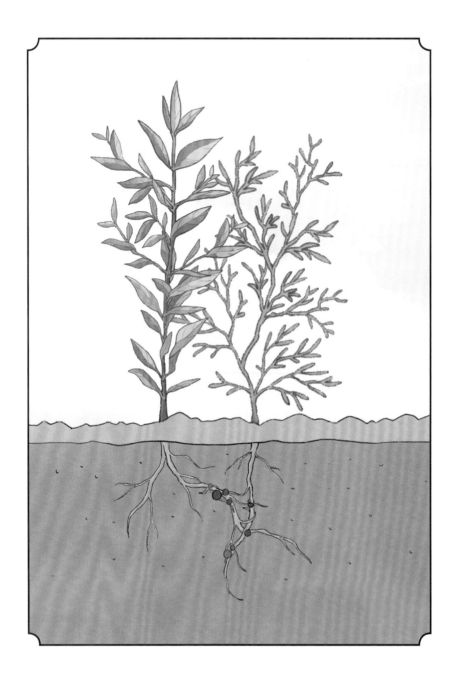

檀香一定要找个寄主

赤道附近的爪哇海，一座不知名的岛屿上，有一大片檀香林，数百棵檀香围绕着一棵榕树生长。这棵榕树主干高30多米，倾斜向光的一侧。檀香树寄居在它身旁，笔直向上伸出上百根手腕粗细的新树干。不到一年时间内，"巨无霸"榕树就被"吸干榨净"了。

这个现象体现了檀香典型的半寄生特性。榕树是檀香选择的"寄主植物"。

檀香树在幼苗期，主要靠自己丰富的胚乳提供养料，一般长到8～9对叶片时，养料就用完了。檀香地上部分丝毫看不出变化，然而地下庞大的根系会不断地向四周扩展，只要遇到合适的植物，根系上会长出一个个如珠子般大的圆锥形吸盘，紧紧地吸附在它身旁的植物根系上，靠吸取别的植物所制造的养料来过日子。

檀香的半寄生特性最早发现于1817年，当时任印度加尔各答植物园主任约翰·斯科特经过反复试验后发现，移植檀香时，若不连同周围的伴生树种一同移植，则檀香很难成活；若砍伐清除檀香周围的伴生树种，檀香的长势就会受到显著影响甚至死亡。但直到1870年左右，植物学家才破译了檀香根系半寄生的秘密。

📖 檀香的寄主可分为短期寄主、中期寄主和长期寄主三大类。短期寄主为草本植物，中期寄主一般为灌木植物，长期寄主则通常是大灌木或小乔木。

嘿，你的生活被这些植物改变了

科学改变檀香

檀香树的生长非常有限，它在 10 岁左右生长就基本定型，后续的长高和变胖都极度缓慢。檀香的主要经济价值在于其心材和从心材中提取的精油，收获高质量和高含油量的心材是檀香种植者的最终目的，而檀香在自然状态下要 6~8 年才陆续开始结香。

为了让檀香多结香，植物学家进行了一系列研究。

首先，选好种源。对好种源进行繁育，可以培育出好的种苗。

其次，选好寄主。目前，全球已发现 500 多种檀香寄主，从中筛选出优良寄主，可以促进檀香的健康生长。

接下来，钻研高效育苗和栽培技术，让这位异域访客的足迹遍布广东、广西、福建和云南，使中国成为世界第二大檀香栽培国家。

随后，开展人工结香技术研究，通过人工调控，能使 5 年生长的檀香含油量达到生长 10~15 年檀香的含油量。

"宝马雕车香满路""笑语盈盈暗香去"……在科技的加持下，我们享受檀香，将是一件更容易和平常的事情。

📖 檀香的内部激素失去平衡后，会聚集油脂，进而形成心材，并且会逐年增加。

9块9包邮的檀香扇是真的吗

真正的檀香闻起来既不是烟熏味，也不是肥皂味，也实在是不太像一块木头的气味。印度檀香带有檀木特有的浓郁奶香气息；澳洲檀香，香味淡雅清新，余味偏甜；印度尼西亚檀香，香味偏甜。檀香香味有多持久呢？

中国海南省尖峰岭有几株檀香树遭盗伐后，工作人员用水泥砌成矮围墙将被盗树头包围保护起来，数月里在以树头为中心5～10米皆可以闻到檀香散发出的阵阵独特香味。

檀香精油气味则类似醇厚的花生壳或者椰奶味儿，香气穿透力强且十分持久。天然檀香精油香水价格自然也不便宜。2017年，1千克的印度檀香精油售价约为5000美元，此后价格还在不断上涨。

檀香本身非常难得，檀香精油就更难得了。檀香树经过砍伐、削皮之后，将心材磨碎成粉末投入整流器，浸没在水中用涡轮搅拌器不断旋转，确保粉末松散不结块才能最大程度提取精油。整个过程大约持续 30 小时。

Santal de Mysore（迈索尔檀香）

Santal du Pacifique（太平洋檀香）

相比之下，现代化工技术带来的人造檀香——檀香香精成本就低廉多了。由于合成方法不同，檀香香精已有几十个不同的品类。常见的檀香香精有：Sandela、Sandalore、Bacdanol、Polysantol、Mysoral……

檀香香精被广泛应用于香水、香皂等日用化工中，我们使用的许多具有檀香味道的产品基本都是檀香香精。所以，淘宝上9块9包邮的檀香扇，你还相信这是真的吗？

我的阅读笔记

一　本章关于檀香的描述哪些是正确的？请勾选。

☐草本　　　☐灌木　　　☐乔木

☐产于寒带　☐产于温带　☐产于热带

☐药用——胸闷不适　　☐清凉　　☐头痛发热等

☐材用——工艺品　　　☐木刻

☐香用——熏香　　　　☐焚香　　☐精油等

二　檀香最有经济价值的部位是？　　　　【　　　　】

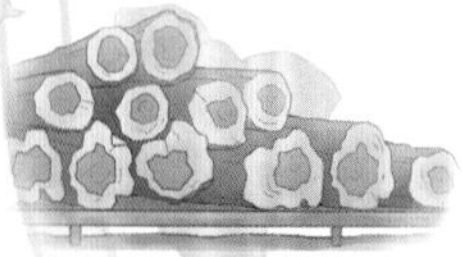

A. 茎（树干）

B. 叶

C. 花朵

D. 果实

（三）猜猜哪一个是檀香的根？ 　　　　　【　　　　　】

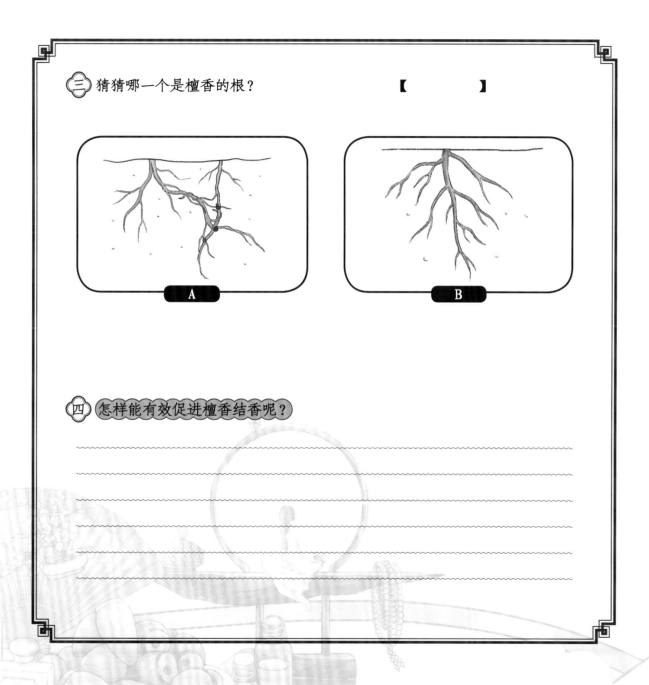

A

B

（四）怎样能有效促进檀香结香呢？

～～～～～～～～～～～～～～～～～～～～～～～～～～～～～～～

～～～～～～～～～～～～～～～～～～～～～～～～～～～～～～～

～～～～～～～～～～～～～～～～～～～～～～～～～～～～～～～

～～～～～～～～～～～～～～～～～～～～～～～～～～～～～～～

～～～～～～～～～～～～～～～～～～～～～～～～～～～～～～～

～～～～～～～～～～～～～～～～～～～～～～～～～～～～～～～

檀香

尝试临摹一幅吧

嘿，你的生活被这些植物改变了

第三章／兜兰

有一种植物，因其独特的花型、绚丽的色彩被称之为爱神之鞋。

嘿，你的生活被这些植物改变了

爱神之鞋

相传天帝最小的女儿维纳斯下凡玩耍，不小心将拖鞋遗落在兰花的花瓣上，才有了现在的兜兰（拖鞋兰）。

兜兰属隶属于兰科杓兰亚科，全属约有109种，主要分布于亚洲热带地区至太平洋岛屿。我国兜兰属植物资源丰富，约有34种，产自西南至华南地区。

历史上兜兰并未在中国得到垂青，可能是花朵过于艳丽，未能符合古代中国文人的审美。但随着西方博物学探险的兴起，特别是英国航海家搜集到兜兰原种后，兜兰就以其独特的花型、绚丽的花色、持久的观赏期迅速获得了欧洲上流社会的青睐。

绝大多数兰科植物的花都是两侧对称，兜兰与它们最明显的区别是：唇瓣深囊状，就像一个美丽的兜兜；两枚花药着生于蕊柱两侧；发达的中萼片呈宽椭圆形，上面有美丽的花纹，两个侧萼片合生在一起而成合萼片。

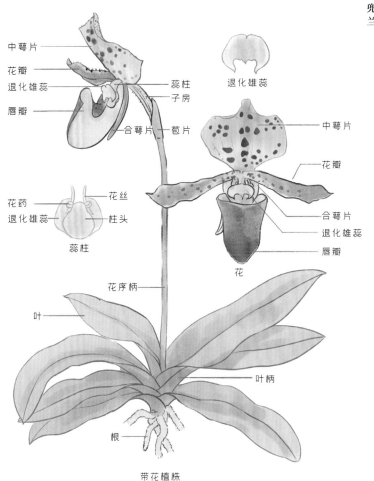

带花植株

📖 花药位于雄蕊的上部，长在花丝的顶端，呈球状，表面有花粉。

"欺骗"的艺术

兜兰深囊状的唇瓣、合蕊柱和花粉块这套组合就是为昆虫传粉准备的。兜兜相当于一个陷阱，陷阱内壁陡峭又光滑，昆虫落入陷阱后只能沿着由唇瓣和合蕊柱构成的唯一通道往外爬，藏在通道里的花粉就这样粘在了昆虫的背上。当它到达下一朵花朵时，背上的花粉就会触碰到柱头上完成授粉。

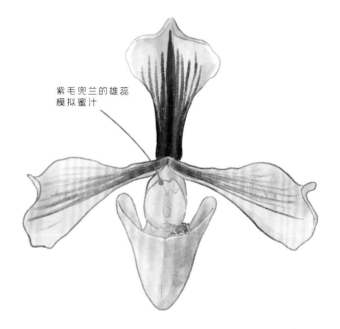

紫毛兜兰的雄蕊模拟蜜汁

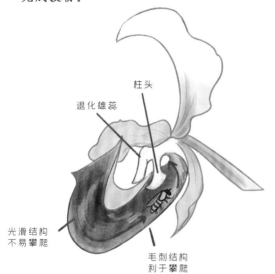

柱头

退化雄蕊

光滑结构不易攀爬

毛刺结构利于攀爬

那么兜兰们是如何各显神通引诱昆虫落入它们的兜兜魔爪的呢？

紫毛兜兰靠花色和散发出尿素气味来吸引远距离的昆虫，退化雄蕊可能是模拟一滴蜜汁或者露水吸引近距离的昆虫的。

小叶兜兰有一个硕大的亮黄色的退化雄蕊，这是大多数以花粉为食的食蚜蝇天生偏爱的颜色。在它们眼里，黄色等于花粉，甚至是涂成黄色的实验圆盘对它们也有强大的吸引力。

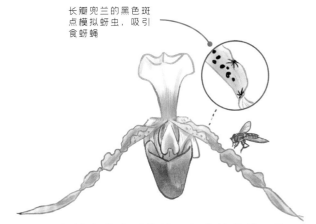

长瓣兜兰的黑色斑点模拟蚜虫，吸引食蚜蝇

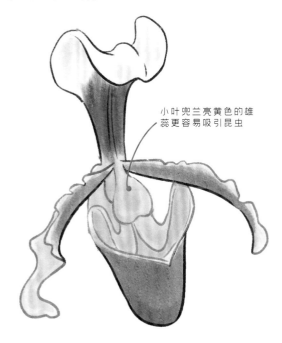

小叶兜兰亮黄色的雄蕊更容易吸引昆虫

硬叶兜兰除了黄色的退化雄蕊，还增加了紫色的斑点，让熊蜂眼花缭乱，毫无抵抗地便钻进"陷阱"。

长瓣兜兰有两片长而扭曲的花瓣，花瓣基部长着一些黑色斑点，黑点上甚至会长出辐射状的毛状物，酷似蚜虫。食蚜蝇妈妈刚想将卵产在"蚜虫"边上，就不小心掉进兜兜里了。凭借黑点骗术，长瓣兜兰以 90% 的结实率傲视由同种食蚜蝇传粉的小叶兜兰。

杏黄兜兰则兼具异交和自交的混合交配系统，还能模仿食源性植物黄花香。如果昆虫从通道顺利逃出，带走的花粉随访到另一朵花就会完成异花传粉；如果逃跑的过程不太顺利，昆虫在通道中反复攀爬也会导致花粉粘到同一朵花的柱头上，从而完成自花授粉。

📖 研究表明，与提供真正食物报酬的兰花相比，欺骗性兰花的种群之间存在更强的基因交流、更多的组合机会，也意味着更多的进化选择。

嘿，你的生活被这些植物改变了

去旅行啦!

54

另一场豪赌

对于其他植物而言，授粉成功便可以高枕无忧了。但对于兜兰来说，革命却尚未成功。

兜兰种子成熟时胚柄及胚乳都完全消失，种子非常小，只具备单层细胞的种皮和一个未分化的球形胚，自身营养储备为零。

这样先天不足的种子在自然环境中还需要与特定真菌共生才能萌发，萌发率非常低。显而易见，以质取胜这条路是行不通了。

好在上帝关上一扇门，还会为你打开一扇窗。兜兰的种群基数足够大，每朵花都能结出成千上万粒种子，利用种子进行大规模繁殖成为兜兰种群存活的重要手段。又多又轻的种子，特别适合随风长途旅行，它们再次拉开生命的豪赌。

兰科，不仅仅是兜兰，依靠一场接一场的豪赌成功进化成为植物界最大、最多样化的一个科目，全科有 750～800 属，25000～30000 种。地球上每 7 种有花植物中就有一种是兰花。

📖 胚乳：种子的组成部分之一，供给种子中幼胚的生长或种子萌发过程中胚发育所需的营养物质。

📖 杏黄兜兰每个果子里有超 30 万粒种子！

嘿，你的生活被这些植物改变了

疯狂的偷猎

在欧洲报纸和期刊上，兜兰作为兰科植物中最华美的花朵之一，被认为是最富有阶层的专用奢侈品。

但当时的兜兰植物栽培只能通过分株或者播种，两种都很慢且不稳定，远远不能满足市场需求。

人们对珍稀、异域风情和独有性的追求，在 18 世纪早期演变成兰花狂热症，并催发出一种新的职业：兰花猎手。

兰花猎人在世界各地寻找和采集新种，将大量的野生兰花运送到欧洲的兰花圃。

商业兰花圃以及为它们供货的兰花猎手之间存在激烈的竞争。一株成熟的兜兰新种往往改变一个兰花圃的命运。这刺激兰花猎手们拼命抢夺先机。内卷带来了可怕的结果，猎手们经常将无法运回家的兰花全部毁掉。

被全部搬走的整个兜兰种群也基本都是裸根运输，包装得像沙丁鱼一样满满当当。绝大多数兜兰都死在了漫长的物流途中，最终成活的少之又少。

猎兰行动在 19 世纪初开始式微。一方面是因为生境的破坏让野生兜兰的数量急剧下降；另一方面，人们开始逐渐掌握了兜兰的繁育技术。

最早发现的两个兜兰物种

秀丽兜兰原产于印度和中国，于印度首先发现，后被引入英国栽培，在 1819 年开花，1820 年被正式描述和命名发表，成为兜兰属的第一个新种。

1821 年，原产于今孟加拉国的波瓣兜兰也被发表。这两个种是兜兰属中最早被正式命名的种。

到了 1860 年，已有 16 种野生兜兰被引入英国。经过选育产生的栽培种和杂交种形态各异，具有极高的商业价值，成为国际花卉市场流行的高档花卉。

波瓣兜兰

秀丽兜兰

最新命名的两个兜兰品种

在中国，最早的兜兰属植物的重要科研成果是 1940 年唐进和汪发缵教授发表的长瓣兜兰和小叶兜兰，以及 1951 年发表的另一个新种硬叶兜兰。

之后是长达约 30 年的空窗期，直到 1980 年，杏黄兜兰和麻栗坡兜兰的发表以及硬叶兜兰在全世界的首次展示，在整个兰花界和园艺届引起巨大的轰动。

杏黄兜兰获得近百个美国兰展奖项，热潮至今未衰。硬叶兜兰曾获世界兰展总冠军，惊艳兰坛。

杏黄兜兰和硬叶兜兰由于金黄和白玉般的色彩，被并称为"金童"和"玉女"，是兰花中的珍品，备受世人关注。

"金童"
（杏黄兜兰）

"玉女"
（硬叶兜兰）

盛名之累

对兜兰的喜爱和追捧热潮引起疯狂的采挖和走私，造成许多种类濒临灭绝。

《濒危野生动植物种国际贸易公约》（CITES）把所有兜兰野生种列入附录 I 名录，等同于大熊猫的保护等级，明确规定禁止交易。

我国 2021 年出版的《国家重点保护野生植物名录》将硬叶兜兰和带叶兜兰列为二级保护，将其余中国兜兰属物种均列为一级保护。

植物学家对兜兰属植物资源的保护措施主要包括迁地保育、种质资源调查和收集与建立高效繁育技术等。

英国皇家植物园邱园在 20 世纪已迁地保护了世界上 60 多个兜兰属原生种，多是有来源的野生资源。中国对兜兰属植物的引种驯化和迁地保护的研究起步较晚，华南国家植物园近年来已收集到兜兰属原生种 79 个，其中包含了中国的全部原生种。

种质资源调查和收集工作为后续兜兰属植物的遗传学、传粉生物学、保护生物学和新品种培育等奠定了坚实的基础。

兜兰新品种是怎么来的呢

来自世界各地的兜兰汇集一处，它们争奇斗艳，也彼此好奇。

将一种兜兰的花粉授到另一种兜兰的柱头上，花粉中的精细胞与另一种兜兰子房中的卵细胞经过受精作用融合形成胚，胚逐渐发育成种子，种子萌发成长为小苗，育种家从中选择表现优良的植株将其申请为新品种，这就是通过杂交培育兜兰新品种的过程，也是目前培育兜兰新品种最有效的方式。

不同花序、花型、唇瓣形状、花色、花斑形状和花斑颜色的兜兰通过杂交进行不同性状的组合，诞生出多种多样的兜兰品种，如'中科国王'和'中科皇后'兜兰。新品种的培育和建立高效种苗繁育体系能大大减轻了对野生种类的采集压力，成了保护兜兰的另一有效途径。

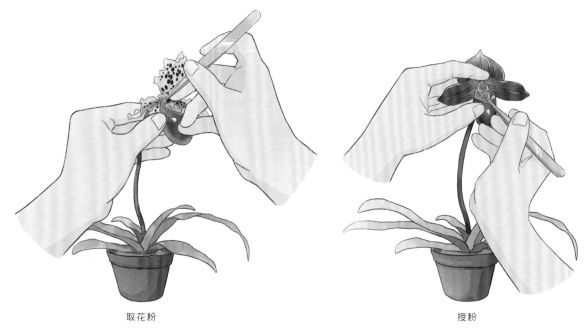

取花粉　　　　　　　　　　　　授粉

📖 '中科国王'和'中科皇后'均属于多花型兜兰，'中科国王'霸气，'中科皇后'柔美，其花瓣长度可达1米。

随着科技的发展，一些更高效的分子生物技术也逐渐应用到兜兰的育种工作中，以培育更新奇的品种。例如，通过物理和化学方法对兜兰进行诱变育种，让兜兰的基因发生突变，创造出一些新颖的性状，如叶片更大更厚，花朵更香花期更长的四倍体香花型"汉氏兜兰"；通过子房注射法、农杆菌介导法、基因枪法等转基因技术成功将外源基因转入兜兰中促进其提前开花，目前已取得良好成效。此外，科学家还发现通过施加外源激素可以使兜兰提前开花，并把单花的兜兰变成了一梗双花，如胼胝兜兰。

科学研究极大地推进了兜兰属植物的有效保护和合理开发，让这美丽的山间小精灵逐渐活跃在大众的视野。

切开的植物叶片

组织培养经农杆菌
侵染的植物叶切片

含外源 DNA 的新植株

转基因技术为兜兰
新品种提供了新的可能

嘿，你的生活被这些植物改变了

高效繁育技术

高效的繁育技术是兜兰迁地保育、野外回归和开发利用的关键。兜兰属植物的繁殖方法主要包括分株繁殖、组织培养、无菌播种和有菌共生萌发。

分株繁殖速度慢，难以满足物种保护和商品生产的需求。

组织培养能用很少的植物材料高效快速地繁殖出大量种苗，且能稳定保持母株的优良特性。但由于灭菌时去污染难、增殖速率慢等原因，还不能进行种苗规模化生产。

无菌播种是指将采集的兜兰种子经过灭菌处理后播种在无菌的人工培养基中，这目前是兜兰最有效的繁殖手段。尽管兜兰是兰科植物中无菌播种最困难的种类之一，但经过植物学家的努力，目前，兜兰属中已经有33个原生种和55个杂交种被报道可采用无菌播种进行繁殖。

有菌共生萌发是指兜兰的种子在自然生境中需要与真菌共生才可萌发。研究发现，每种兜兰都有特定的能促进其萌发和生长的真菌类型。分离并鉴定促进兜兰种子萌发的共生真菌，对于兜兰重新回归大自然的怀抱至关重要。

📖 分株繁殖是将兜兰的丛生根等从母株上分割下来，另行繁育为独立的小株。

📖 植物组织培养是指将植物的离体器官、组织或细胞在人工制备的培养基上进行无菌培养，并在人工控制的环境条件下，使其发育成完整植株的科学技术。

📖 兜兰属中已有6个原生种、4个杂交种被报道进行了组织培养技术研究。

一　本章有关兜兰描述哪些是正确的？请勾选。

1. 兜兰的兜兜是它的什么结构：☐ 花瓣　☐ 唇瓣　☐ 中萼片　☐ 侧萼片

2. 兜兰的兜兜有什么作用？（多选）

☐ 保存水分　　☐ 引诱昆虫传粉　　☐ 捕捉昆虫　　☐ 构成昆虫的传粉通道

3. 兜兰属中的"金童""玉女"分别是什么？（多选）

☐ 春韵兜兰　　☐ 杏黄兜兰　　☐ 硬叶兜兰　　☐ 波瓣兜兰

4. 兜兰种子最可能靠什么媒介传播？☐ 风　☐ 海水　☐ 昆虫　☐ 鸟

5. 哪些措施可以保护兜兰原生种？（多选）

☐ 立法禁止采挖　☐ 培育新品种　☐ 引种栽培　☐ 建立自然保护区

二　兜兰可以通过哪些方式来引诱昆虫？（连线）

小叶兜兰　　　　　杏黄兜兰　　　　　长瓣兜兰　　　　　紫毛兜兰

模仿食源性植物黄花香　　　尿素味道　　　硕大的亮黄色的退化雄蕊　　　黑色斑点

（三）最早被引入英国栽培，原产于印度和中国等地的兜兰是哪个？　【　　　】

A. 春韵兜兰　　　　B. 杏黄兜兰　　　　C. 硬叶兜兰　　　　D. 秀丽兜兰

（四）我还从本章中学到了什么？

至爱兜兰

尝试临摹一幅吧

嘿，你的生活被这些植物改变了

第四章／茶

全世界有近60个国家种茶，五大洲有150多个国家和地区饮用消费茶叶，20多亿人钟情于茶饮。

茶的物种漫谈

比尔－劳斯在《改变历史进程的五十种植物》一书中写道："有些植物只能令历史的脚步稍有偏移，而有些植物则扼住历史的咽喉，裹挟历史的前进。茶树就是这样一种植物。"不论是"琴棋书画诗酒茶"，还是"柴米油盐酱醋茶"，茶总是在不经意间改变了人类文明的历史进程。

在茶叶的原产地中国，茶指的就只是山茶科山茶属的植物。山茶属的学名 *Camellia* 来源于一名植物学家 Kamel 姓氏的拉丁文。山茶属全世界约 120 种，分布在中国、印度、日本、韩国、缅甸、尼泊尔、泰国、越南等国家。中国分布有 97 种，其中 76 种为中国特有种。

山茶属植物是一类重要的经济植物，茶叶可加工制成风靡全球的饮品，茶油是一种健康的天然植物油，山茶花也是我国的传统"十大名花"之一。

用于制作茶叶的植物全部来自山茶属茶组（*Camellia* section *Thea*）。在茶组中利用最广泛的就是茶（*C. sinensis*），茶又有 2 个变种，一个是茶原变种（*C. sinensis* var. *sinenisis*），也称小叶种茶；另一变种是普洱茶变种（*C. sinensis* var. *assamica*），也称大叶种茶。

小叶种茶和大叶种茶的区别

小叶种茶

叶 片

小而硬脆

成熟叶片面积小于 20 平方厘米

香 味

馥郁高扬

代表性品种

龙井 43

祁门楮叶种

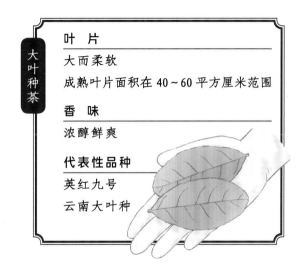

大叶种茶

叶 片

大而柔软

成熟叶片面积在 40～60 平方厘米范围

香 味

浓醇鲜爽

代表性品种

英红九号

云南大叶种

除了茶以外，白毛茶（*C. sinensis* var. *pubilimba*）、秃房茶（*C. gymnogyna*）和毛叶茶（*C. ptilophylla*）等也可经过加工制成茶叶，相较于传统的栽培种茶树，独有一番风味。

人类的好奇心让茶的内涵不断扩大。现在广义上的"茶"包括，茶叶冲泡饮用方式的草药和植物，例如，罗布麻茶、人参茶、杜仲茶、苦荞茶、苦丁茶等。这些以保健茶或药用茶形态出现的"非茶之茶"如雨后春笋。而在中国以外的国家也有不少植物可作为茶饮，比如，加拿大人将槭树科槭树属的植物用作茶饮；阿根廷人把马黛茶放入葫芦，然后冲入开水，片刻后便开始饮用；土耳其人则酷爱薄荷叶入茶。

经久不衰的茶树

世界上最古老茶树"锦绣茶祖"位于云南凤庆县海拔2245米的地方，其树高10.6米，腰围5.82米，树龄高达3200年以上。

在中国云南镇沅千家寨里一处海拔2000多米的原始森林中，生长着世界上最高的野生古茶树，树高为25.6米，据专家推测有2700多年的历史。

一株茶树的生命，从一个受精卵细胞开始。从这时起，它就成为一个独立的、有生命的有机体。这个受精卵细胞（合子）经过一年左右的时间，在母树上生长、发育成为一粒成熟的种子。种子落地播种后，经发芽、出土，成为一株茶苗。茶苗不断地从外界环境中吸收营养元素和能量，生长成一株根深叶茂的茶树，开花、结果、繁殖出新的后代，接着逐渐趋于衰老，最终死亡。

　　根据不同时期的特点，茶树分为幼苗期、幼年期、成年期、衰老期。这就是茶树的一生，科学上称为"茶树生长总发育周期"。如果不受外界因素影响，茶树将生长达10米高，树龄超过千年。古往今来，大多数茶叶都是手工采摘的。在实际茶园栽培过程中，农民会将茶树栽种成整齐的行列，形成便利的采摘台，将茶树修剪至腰部高度，方便采茶人快速采收，不必伸展或弯腰。

　　成年期茶树生育最为旺盛，茶叶产量和品质都处于高峰阶段。人工种植情况下，栽培茶树的可采收的年限一般只有40～60年。而自然生长、无人看管、刺激小的"荒芜""丢荒"茶树，其采收时间则可延长至百年。

嘿，你的生活被这些植物改变了

茶的全球旅行

陆羽的《茶经》提道："茶之为饮，发乎神农氏。"传说中国的神农氏在尝百草时中了毒，后来无意间得到了茶叶，他吃了之后，解除了身上的毒性。根据这个传说推算，中国人用茶已有5000多年的历史。

事实上，有据可查的饮茶习惯应是战国早期（公元前453—前410年）。

在秦朝（公元前3世纪），茶得到了广泛的传播，人们不再单一地将茶叶作为草药，而因逐渐把它当作日常饮品。

在唐朝（公元618—907年）茶业日益兴盛，产茶地遍及大江南北，茶类名品异彩纷呈，茶叶贸易迅速兴旺。与此同时，日本僧人从中国带茶籽回国与"茶马互市"的兴起，是后世茶文化遍及世界的发端。从此以后，茶叶这片柔弱的叶子，就开始了它的世界旅行，并逐渐拥有了影响世界的神奇力量。

有趣的是，中国不同茶叶贸易口岸在茶叶发音上的差异，客观上造成了不同贸易国对茶叶迥然不同的发音。

通过陆路运输进行茶叶贸易的国家多为广东发音，广东发音的（CHA）先向北传到北京、朝鲜、日本，而后经由路上丝绸之路往西传播至西藏及中亚、印度、中东、北非、东欧内陆的国家。俄罗斯的茶叶则从蒙古或黑海一带传入。葡萄牙的茶叶虽然最先不是经陆路而是经海路贸易，但由于贸易出发点澳门与香港均隶属于广东语系，所以葡萄牙语（CHÁ）也与广东语系的发音类似，因而也与西欧大部分的国家不同。

而由海路运输的茶叶贸易国中茶叶的发音则多为近似（TEA）的发音，例如，东南亚、西非沿岸、西欧诸国。荷兰是17世纪的海上霸主，欧洲绝大部分的茶叶经过荷兰东印度公司转手，而荷兰进行茶叶贸易的集散点位于福建厦门。因此，福建闽南语中茶叶发音（TE）也就转变成为荷兰语中的茶叶（THEE）。

从世界各国有关茶叶的发音上就能查寻茶叶从中国传入世界各地的踪迹，可见茶叶在国际贸易中扮演了重要的角色，对于世界饮料作物的传播也影响深远。

茶的航天之旅

2016 年 11 月，"天宫二号"上，中国航天员景海鹏第一次在太空泡茶。但这并不是茶叶在太空中的首秀。

2003 年，"神舟五号"升空，来自浙江淳安的国家级茶树良种——鸠坑种作为茶叶界的代表首次飞入太空。

2007 年，"神舟七号"上搭载的 50 多种植物种子中，就包括云南大叶种茶的茶籽。

2011 年，6 个武夷岩茶品种（'肉桂''金毛猴''铁罗汉''奇丹''雀舌'和'矮脚乌龙'）搭乘"神州八号"返回式卫星，首次进行航天育种。

2012 年，"神舟九号"上也有普洱茶籽的影子。

2013 年，"神舟十号"上天，这次去太空旅游的是武夷茶优质品种：'航天大红袍 1 号'和'航天正山小种 1 号'。

······

茶籽的变异有万千可能，可能是颜色不一样，可能是形状有变化，也可能是抗性增强·····从太空回来后的种子被科技工作者种植于试验田，在种苗中筛选品质更加优良的变异株，再进一步种植筛选，找到性状稳定的可利用、可遗传的保留下来，再进行杂交育种。

📖 2003年上天的鸠坑种茶喜湿耐阴，在光伏农业科技大棚优质的环境下，生长周期由3年缩短至2年，并达到了更优的生长效果。2007年上天的云南大叶种茶，在2009年采摘茶叶量达3.5千克。

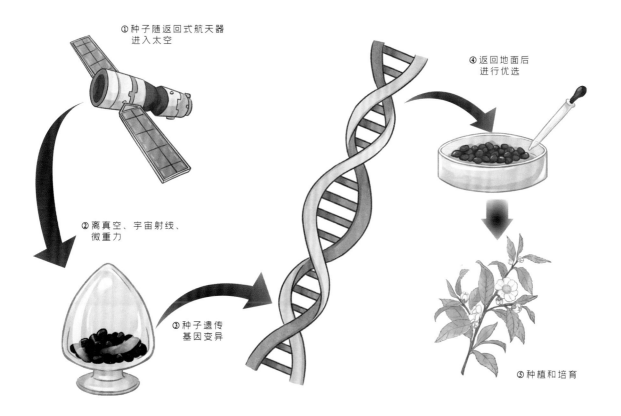

①种子随返回式航天器
进入太空

④返回地面后
进行优选

②离真空、宇宙射线、
微重力

③种子遗传
基因变异

⑤种植和培育

当然，太空培育的茶树品种并不可以直接用于生产，而是必须经过缜密的试验与鉴定，最后还须通过国家或省级品种审定，才能进行大规模推广。

近年来，随着分子生物学的蓬勃发展，分子辅助育种在农作物育种中的应用越来越广泛。2018年，茶叶界发生了一件大事：中国科学家首次公布了茶树的全基因组概貌。这项工作给茶树育种者提供了一个强大的科技新工具。

在未来的育种中，通过解析茶叶独特风味品质形成背后的遗传基础，建立风味代谢物形成的遗传标记，育种者可尝试定向筛选相关茶树种质资源进行新品种选育，或者根据分子辅助育种手段来定制茶叶的滋味成分与独特香型。

嘿，你的生活被这些植物改变了、

茶香知几何

饮入一杯茶，扑鼻而来的香气总能激发人们的想象力。茶香的实质来源于不同加工工序的排列组合下风味代谢物的变化，从而塑造出六大茶类千变万化的风味品质。

比如红茶，经过长时间的萎凋处理，会有青草味消散且花香形成的变化，后续的揉捻与发酵工序能促进红茶风味品质的进一步形成。揉捻通过破坏叶片组织结构，为儿茶素底物、多酚氧化酶和过氧化物酶的结合提供了可能，促进了鲜爽滋味的形成，而发酵则会赋予红茶馥郁的甜香和薯香。

从鲜叶到成品茶，为什么茶叶经过加工后，就产生了令消费者喜爱的香气呢？

研究发现，根据反应类型的不同，可形成不同的茶叶香气。

有的是茶叶形态结构相对完整状态下的酶促反应。例如，茶叶采前阶段的光照影响，或在采后加工过程中产生的损伤，促使吲哚、茉莉内酯以及橙花叔醇等芳香物质的蓄积。

有的是茶叶形态破碎状态下的酶促反应。例如，采后加工过程中香气糖苷体水解后大量积累的游离态芳香气物质。

还有的是热物理化学反应。例如，采后加工过程中高温焙火（烘焙）使茶叶香气组分发生改变。在焙笼或烘箱加热过程中，茶叶中的氨基酸与糖类会发生美拉德反应，产生火功香。

📖 美拉德反应是广泛存在于食品工业的一种非酶褐变，是羰基化合物（还原糖类）和氨基化合物（氨基酸和蛋白质）间的反应。

茶小绿叶蝉，造就茶叶独特风味

近年来，科学家在探索乌龙茶加工阶段的香气形成机制中发现：在茶树生长的过程中，尤其是在每年春茶和秋茶的生产阶段，一种体长约几毫米的茶树害虫——茶小绿叶蝉，会使用类似蚊子的刺吸式口器，吸食茶树幼嫩芽叶的汁液，侵害茶树。

茶树叶片被茶小绿叶蝉侵害后，加工成的乌龙茶香型发生了显著的变化，产生了独特浓郁的蜜果香。

换言之，茶小绿叶蝉的侵害与乌龙茶特有蜜果香形成存在一定的关联性。

因此，推测茶小绿叶蝉诱导乌龙茶蜜果香的形成可能有以下两个原因：一个是侵害茶树时造成的损伤，另一个则是昆虫唾液里的分泌物。通过比较茶小绿叶蝉和其他危害茶树的害虫，比如茶尺蠖、茶毛虫等，发现这些昆虫都不能诱导蜜果香代

谢物的蓄积。此外，人为模拟的损伤处理也不能产生这种效果。

为什么虫咬后的茶叶品质并没有劣变，反而更香了呢？

其实这也是一种胁迫响应。茶树受到虫咬时，会启动防御反应，释放出一系列的芳香物质，来趋避害虫、吸引天敌等。在无胁迫的条件下，茶树所产生的香气较少；胁迫条件下，则会产生大量的香气。

这种昆虫与植物之间交互作用的奥妙关系经科学家揭示后，高品质蜜果香乌龙茶的生产再也不是看天随缘了。

智慧的古人从葳蕤草木中选择了茶叶，自此开启世人种茶、制茶、品茶的历史。当时的他们一定想不到数千年后茶叶能衍生出如此多变的香气！

对植物产生伤害的环境（低温、干旱和损伤等）被称为逆境，又称胁迫。植物对这些胁迫产生的应对措施，就叫作胁迫响应。

一 本章关于茶的描述哪些是正确的？请勾选。

1. 茶叶采摘在哪个时期：☐成年期　☐幼苗期　☐幼年期　☐衰老期

2. 大叶种茶和小叶种茶的区别在于什么地方？（多选）

☐叶片质地　　　☐茎干　　　☐风味　　　☐叶片大小

3. 大叶种茶又被称为什么？

☐茶原变种　　　☐小叶种茶　　　☐普洱茶变种　　　☐白毛茶

4. 使用CHA发音的茶叶贸易国最有可能是从中国的哪个地方进口茶叶？（多选）

☐福建　　　☐香港　　　☐广东　　　☐上海

5. 太空回来的茶籽可能会产生哪些变异？（多选）

☐颜色变异　　　☐形状变异　　　☐更抗旱　　　☐更抗病虫害

二 下面哪种昆虫的口器可能与茶小绿叶蝉相同？　【　　　】

A. 蝴蝶 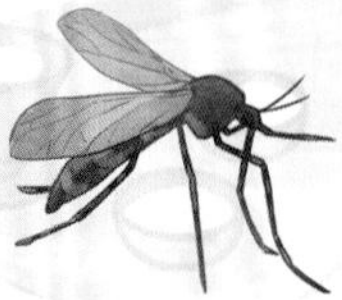　　　　B. 蚊子 　　　　C. 蚂蚁 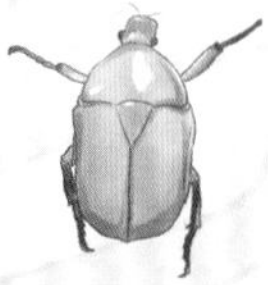　　　　D. 甲虫

（三）秦朝（公元前3世纪），茶得到了广泛的传播，在此之前，人们主要把茶叶用作什么？ 【　　　】

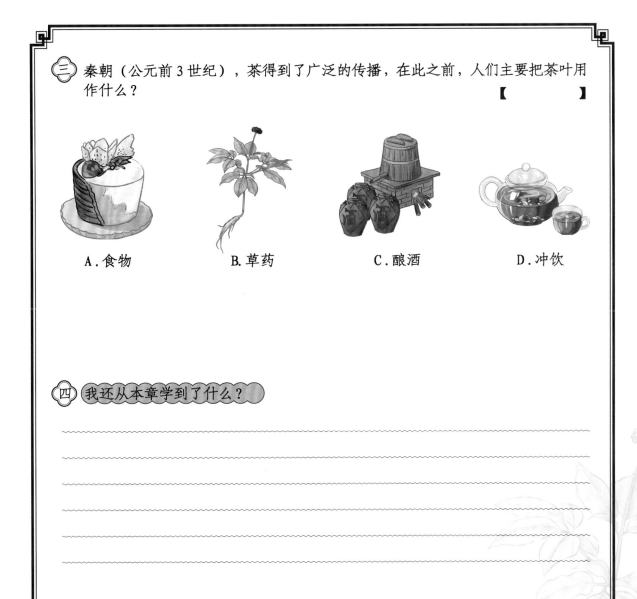

A.食物　　　　　　B.草药　　　　　　C.酿酒　　　　　　D.冲饮

（四）我还从本章学到了什么？

金花茶

尝试临摹一幅吧

嘿，你的生活被这些植物改变了

第五章／甘草

有一种植物，作为中药材，具有调和诸药的本领，因而有十方九草之称，是世界上最受欢迎的草药之一。

嘿，你的生活被这些植物改变了

乌拉尔甘草

光果甘草

胀果甘草

甘草

说起甘草，它可以是一种药材，也可以是一类植物。

甘草是豆科甘草属多年生草本植物，原产于亚洲中部、西南部以及地中海地区，现在它的足迹已至非洲的地中海盆地、欧洲南部和印度。《中华人民共和国药典》规定，乌拉尔甘草、光果甘草、胀果甘草的干燥根和根茎可入药。

甘草在中国古代也称"蘦苷"，《说文解字》载："苷，甘草也。从艸，从甘，会意。甘亦声"，说明自造字之始，中国人就已经知晓了甘草的甘甜。

甘草属的拉丁学名 *Glycyrrhiza* 来源于古希腊语，它是 *glykeia rhiza* 的缩略语。*Glycyrrhiza* 的前半部分 *Glycyr* 的意思是甜，后半部分 *rhiza* 与英语中"根"的发音相同。这也和甘草在中国方言的别名"甜根子"不谋而合。

甘草的甜不是因为含有蔗糖等糖分，而是因为其中含有甘草酸。虽然名中带酸，但甘草酸的甜度是蔗糖的 50 倍，与其他甜味剂共同使用甜度可达蔗糖的 200～250 倍，且留甜时间长。

人类历史中的甘草

历史上很多国家都有关于甘草的记载。

公元前 2100 年，甘草出现在古巴比伦的《汉穆拉比法典》。

公元前 1350 年的埃及法老墓中，人们发现了大量保存完好的甘草。

公元前 1000 年，印度古代医学文献《阇罗迦集》中记载："甘草有增强视力、精液、头发、声音、皮肤和血液的作用。"

公元前 700 年，古巴比伦泥板上有用甘草为皇室成员治疗疾病的记录。

公元前 300 年，希腊哲学家泰奥弗拉斯托斯在其所著世界上第一部古代植物分类著作《植物学史》中称："斯基泰人可以 12 天内不饮水，因为他们咀嚼甘草和食用马奶乳酪。"

公元前 200 年，中国的《神农本草经》将甘草列为"药之上乘"。

公元 900 年，阿拉伯人向欧洲扩张时开始在西班牙种植甘草。

1653 年，英国的"李时珍"——医师尼古拉斯·卡尔佩珀在他的作品《草药全书》中记录甘草被用来舒缓咳嗽、治疗感冒和支气管炎等病症。

由此可见，甘草与人类关系紧密地存在了很长时间，有着丰富的历史。

花式吃甘草

撕开一段甘草棕色的外皮后，把黄色的内芯放入嘴里，一开始会有点味同嚼蜡，可只要熬过开始那个劲儿，甘草的甜味就会布满整个口腔，比蜜糖还要甜，而且余甘久久不散。

1760 年左右，有一个叫邓希尔的英国药剂师，在药用甘草中加入了糖（药用甘草当时是一种可溶解的药用糊剂），发明出一种可咀嚼的非药用含片，也就是甘草糖。

甘草糖在欧洲和美国逐渐流行起来。提到甘草，欧美人的脑海中浮现就是红色或黑色的糖果。目前，在欧洲畅销的甘草糖口味主要有两种：添加糖的甜味和添加盐的咸味。在荷兰，甘草糖每年人均消费高达 4.5 磅。而在美国，经常看美剧或者美国电影的人总能在剧情里看到演员们时不时嚼着一种红色扭扭糖——twizzlers，它就是美国人的甘草糖，在美国人心中的地位如同辣条在中国人心中的地位。

烟草制造商也喜欢在香烟中添加甘草。甘草提取物有助于烟草保持湿润，平衡香烟的整体味道，并减少口腔和喉咙的干燥感，让吸烟变得更愉悦。

甘草还有近似八角、茴香和龙蒿混合的芳香气味，在烹饪中可以去异压腥、平衡香气。在复合香料"十三香"及马来西亚华人传统的肉骨茶香料中，甘草是不可或缺的一员。

在减肥成为潮流的今天，甘草很甜，又不会带来额外的热量，这样的甜味剂十分珍贵。因此，除了传统的甘草杏、甘草糖，现在甘草的身影也常见于饮料中，比如，"甘草百合饮""甘草酸梅汤""大麦甘草茶"等。

📖 甘草酸易溶于水，所以我们用甘草根泡水的时候，水很容易变甜。

甘草　人参　白术　茯苓

北京同仁堂草药四君子

十方九草　甘草本草

甘草除了让人喜爱的甜味，还兼具调和诸药，有"十方九草"之说，是世界上最受欢迎的草药之一。

南朝医学家陶弘景将甘草尊为"国老"，并言："此草最为众药之王，经方少有不用者。"

东汉张仲景《伤寒论》中110个处方里有74个使用甘草，日本71.4%的国家标准汉方都用到甘草。

北京同仁堂的"草药四君子"屏风上，甘草居人参之前。

在印度，甘草被认为可以缓解口渴，是一种止咳剂和消炎剂，还可以治疗流感、子宫疾病和胆汁淤积。

在德国，从1976年开始，甘草浸膏作为传统医药产品上市，口服用于促进胃功能。

在丹麦，有两种含有甘草浸膏的草药产品因其祛痰特性而被授权超过70年。

在西班牙，一种含有甘草的草药茶被认证超过30年，它有两种传统的用处：作为胃溃疡的辅助治疗剂以及作为上呼吸道咳嗽和卡痰的祛痰剂。

在法国，有两种相关的组合产品在市场上销售：一种是甘草提取物与左旋肉碱结合使用，用于缓解喉咙的刺激；另一种是含有甘草和柠檬香蜂草的草药茶，传统上用于促进消化。

📖 甘草可用于调和药物，不可大量长期服用。久服大剂量甘草，可引起浮肿。长期持续服用对肝功能可能有损伤。甘草还可抑制皮质醇的转化，从而导致血压上升和低血钾。

甘草酸

甘草酸除了作为甜味素外，也是药用甘草中重要的活性成分之一，具有抗炎、抗氧化和抗癌等多重功效。

甘草根

20 世纪 40 年代，日本药企从甘草中成功提取了甘草酸，并与甘氨酸和半胱氨酸（蛋氨酸）共同组成复方制剂——复方甘草酸。这种药物具有抗变态反应和抗炎作用，最开始用来治疗多种过敏性皮肤疾患。

1958 年，日本医师尝试用复方甘草酸来治疗慢性肝炎，结果发现，患者的肝功能指标竟明显改善了。于是，日本人开始进一步研究这种药物。2002 年，日本科学家带来了更重磅的消息，复方甘草酸可以使丙肝患者的肝癌发生率减少 50 % 以上。至此，复方甘草酸奠定了自己在肝病治疗中的一哥地位。

甘草酸类药物

中国科学家也在复方甘草酸之后，研究出了甘草酸二铵、异甘草酸镁等新一代更安全的甘草酸制剂。

但甘草酸类药物的作用仅止于此吗？

近几年更深入地研究发现，甘草酸类药物还能运用来治疗更加顽固的"自身免疫相关性疾病"。此外，《新型冠状病毒肺炎诊疗方案（试行第八版）》的 7 个处方中都有用到甘草。

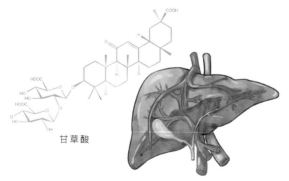

甘草酸

📖 自身免疫相关性疾病包括系统性红斑狼疮、类风湿关节炎、系统性血管炎等。

美白黄金光甘草定

1989年，日本皮肤研究所Marazen从光果甘草中发现并提取光甘草定。

光甘草定一度被誉为"美白黄金"，其盛誉一方面在于美白功效，另一方面是光甘草定的提取难度和稀缺性。

光甘草定可以直接结合酪氨酸酶抑制其活性，使其不能产生多巴而释放黑色素，具有美白、抗菌和抗氧化功效。有实验数据表明，光甘草定的美白效果是普通维C的232倍，氢醌的16倍，熊果苷的1164倍。

光果甘草是光甘草定的来源，但光甘草定只占其整体含量的0.1%~0.3%，也就是说每1000千克的光果甘草仅能获得100克光甘草定，因此，1克的光甘草定可以说与1克的实物黄金等价。

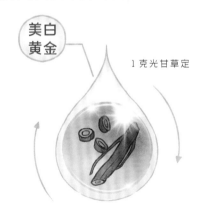

嘿，你的生活被这些植物改变了

治沙先锋

甘草的广泛用途让它在世界贸易中有个好听的名字——"香甜"贸易。

然而，香甜贸易的背后是对野生甘草无度地索取。

从中国到中亚，每到采挖季节，都会掀起采挖狂潮。长期又密集的采挖导致了甘草资源的枯竭：一方面，甘草的过度采挖导致草场退化、沙化加剧，生态环境遭受严重破坏。另一方面，人类行为导致的生态系统变化进一步影响甘草的生境。

人类逐渐明白一个道理：保护甘草和利用甘草同等重要。

科学家针对甘草的特性开展了研究，让它成为沙漠治沙绿化先锋植物。

在中国的库布齐沙漠，甘草参与了生态治沙产业建设。在治沙的过程中，一棵甘草就是一个"固氮工厂"，对沙地有明显的改良作用。正常生长的甘草，每一株的绿化面积为0.1平方米，而在库布其治沙过程中使用了新技术，让甘草横着生长。

具体栽种方法是：春天用甘草的籽育苗，到秋天苗子长成筷子那么粗、一尺①来长，再从苗圃里拔出来，往沙地里种，种的时候平放或者斜放，而并非原来的竖放，大约半尺深，然后盖土。过段时间横着种、横着长的甘草就诞生了。

一棵甘草的绿化面积从0.1平方米扩大到1平方米，绿化效率提高了10倍，改良后的沙地又种上西瓜、花生、红薯、花生等50多种作物，昔日荒漠就这样变成了良田。

📖 甘草具有发达的根系和根茎，其主根深可达5～8米，最深可达10米，有利于吸取地下水分，并能在地表以下形成纵横交错的网状侧根和地下茎，抗风固沙、防冲蚀能力极强。

---

① 1尺 =1/3米。以下同。

嘿，你的生活被这些植物改变了

甘草有趣的事实

最后，想和您分享甘草一些奇怪又有趣的事实，可能您会感到惊讶。

有部分"甘草糖"实际上很少有甘草，是被茴香模仿的。

芬兰的咸甘草糖里有7%的氯化铵成分。你没看错，和洁厕灵里的氯化铵是同一种化合物，它的味道非常强烈。2012年，欧盟提议想把氯化铵的含量限制在 0.3%，结果却遭到了咸甘草糖爱好者的极力反对，最后不了了之。

在瑞典，从 2009 年开始，每年都有一个甘草糖节。创始人图嘉.拉桑南的梦想是为甘草爱好者和甘草制造产业创造一个聚会地点，让双方分享对甘草的激情与热爱。首次举办地是斯德哥尔摩市中心区的一个小地下室，现在已经成为世界最大的甘草节日举办地。

爱尔兰啤酒在酿造中使用甘草，比如著名的爱尔兰啤酒健力士（Guinness）。

在英国爱德华一世统治期间，为了修复伦敦桥，征收了甘草精税。

我的阅读笔记

一 本章关于甘草的描述哪些是正确的？请勾选。

1. 甘草的甜味来源于哪种物质？

□甘草糖　□蔗糖　□甘草次酸　□甘草酸

2. 目前欧洲畅销的甘草糖口味有？（多选）

□甜味　□酸味　□辣味　□咸味

3. 甘草酸制剂可以用来治疗？（多选）

□过敏性皮肤病　□肝病　□自身免疫相关性疾病　□新冠肺炎

4. 哪些物质具有美白功效：

□光甘草定　□维生素 C　□胡萝卜素　□甘草酸

二 中国药典规定哪些甘草的干燥根可以入药？可多选　【　　　】

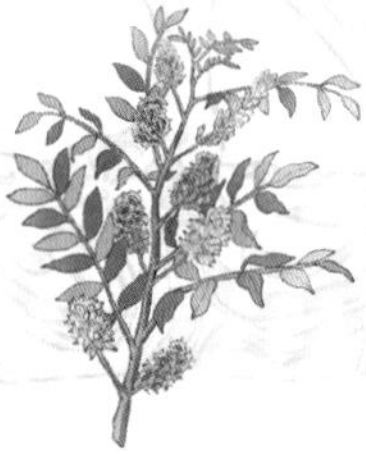

A. 乌拉尔甘草

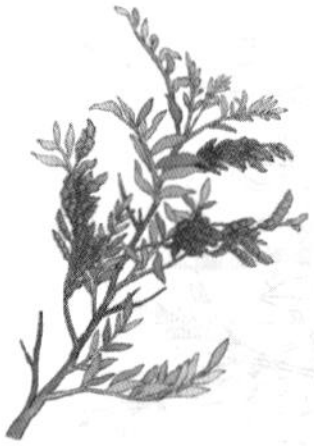

B. 光果甘草

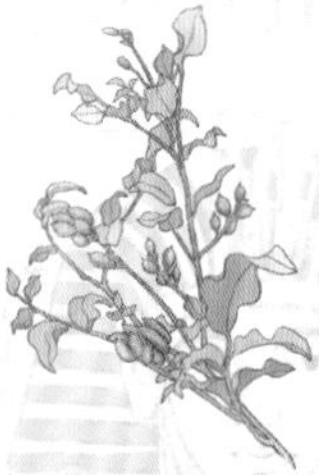

C. 胀果甘草

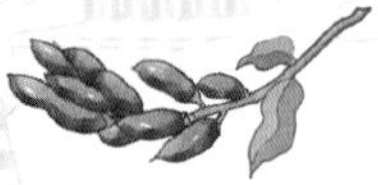

D. 粉甘草

三 以下哪些植物在沙漠有治沙绿化功能？ 【 　　　 】

A. 硒砂瓜　　　　B. 甘草　　　　C. 沙漠玫瑰　　　　D. 仙人掌

四 我还从本章学到了什么？

甘草

尝试临摹一幅吧

嘿，你的生活被这些植物改变了

第六章／石斛

有一种草，曰石中芝兰，养命应天。国人叫它千金草，或中华仙草。

山中兰花草

石斛兰是兰科石斛属植物的总称，为兰科植物的第二大属。石斛兰的属名——*Dendrobium* 由希腊语 *dendro*（树）和 *bios*（生物）组成，意即"树上的生物"。全世界有 1500 多种石斛，广泛分布于亚洲热带和亚热带地区至太平洋岛屿，我国有 80 种（含 2 个变种），产于秦岭以南，以云南最多。

为什么在中国人们普遍叫法是石斛，希腊语说石斛是长在树上的呢？

其实，石斛兰作为一种附生植物，既可以依附于树干，也能在石壁上生长。

石斛主要生长在海拔 480 ~ 1700 米的热带或亚热带原始森林及其他温暖湿润的半阴环境中。附生于树上的石斛可以获得树干老皮腐烂后的营养，几乎可以长满整棵树干。一棵大树干上的鲜石斛最多可达上百千克，生长时间可达数十年甚至更长。而附生于石头的石斛，主要是获取安生之处。

在与人类相遇后的千年里，人们将它按功效分为观赏石斛和药用石斛两大类，它也被赋予了许多人类文化的象征。

虽然兰花绚丽多彩，但是中美洲和南美洲的土著人对美丽的石斛却"视而不见"。土著部落的阿兹特克人会将石斛的根部晒干，捣碎成细粉，加水后变成一种强韧的胶黏剂，用来制作美妙的羽毛艺术品甚至小提琴。

观赏石斛

　　中国云南的傣族姑娘对石斛兰情有独钟。黄灿灿的鼓槌石斛、仙气飘然的兜唇石斛、娇小玲珑的球花石斛都被种在竹楼前的树干或者房顶上,成为装点庭院的"点睛之笔"。如果傣族姑娘只能选一种花来装扮自己,那她一定会将石斛兰作为饰品插在自己的头上或衣物上。

　　在与中国傣族有着相似风俗的泰国,石斛兰被称为"泰国兰花",航空公司把石斛兰制成胸花赠送给乘客,表示欢迎与祝福。

　　而在海拔 6000 米以下的澳大利亚原始丛林,像水晶一般闪闪发光的绿宝石石斛与其生长的腐殖质环境构成了鲜明的对比。

石斛兰改变夏威夷

每年到夏威夷旅游的游客多达千万，慕"兰花岛"美名而来的不在少数。

夏威夷的 7 个岛屿都有一个昵称，夏威夷大岛被称为"兰花岛"。

其实，夏威夷土生土长的兰花只有 3 种。"兰花岛"之名从何而来？

第一批兰花大约在 18 世纪中叶登陆夏威夷岛。当地甘蔗种植园的中国劳工开始将亚洲兰花移植到岛上。

1896 年，夏威夷首次从菲律宾引入卓石斛。

19 世纪末，岛内富人以及上流社会人士开始对兰花产生兴趣。夏威夷地处热带，这是兰花生长的完美气候资源，人们可以不费吹灰之力地种植兰科植物，因此兰花迅速在百姓中普及开来。1930 年，夏威夷大学开始了石斛兰种植的研究。

1938 年艾伦·威廉斯在夏威夷第一个注册石斛兰杂交种。

1950—1970 年，夏威夷大学开始对石斛兰进行遗传学和分类学的基础研究，染色体、多倍体和杂交兼容性等科研成果，为快速发展栽培品种的商业产量奠定了牢固基础。

1970—1980 年，鉴于石斛兰作为商业切花的潜力较大，夏威夷大学的石斛兰育种研究很活跃。

1980—1990 年，除了培育出很多切花栽培品种外，还培育出了通过种子繁殖的盆栽品种。同时，也开展了两性遗传学和兰花病毒嵌合体的研究。

1989 年，屈恩勒在夏威夷大学开始兰花基因工程的研究。

如今，夏威夷石斛兰研究居于世界先进水平。全岛有几百个兰花农场和近 20 个兰花协会，最大的兰花农场有高尔夫球场那么大，院内植有上百种兰花，是美国兰花品种最齐全的地方。

科学研究促进石斛兰花卉业的发展，让只有 3 种原生兰花的夏威夷大岛，成了名副其实的"兰花岛"。

夏威夷大学

嘿，你的生活被这些植物改变了。

药用石斛

古人很早就发现了石斛的药用功效。

古希腊人坚信，吃兰科植物的鳞茎可以增强其性活力和生育能力。

印度将石斛视为壮阳药物，亦可用于治哮喘、支气管炎等呼吸系统的疾病。

在中国最早的药典《神农本草经》中，石斛被列为上品，里面标注的功效是"味甘、平。主伤中、除痹、下气、补五脏虚劳、羸瘦、强阴、久服厚肠胃、轻身延年。"

石斛在唐、宋朝代被大规模使用，据最早的石斛采摘记载：采者自巅顶栓巨绳下至山腰，用器极力搜剔，令纷纷坠落，再到涧谷拾取，危险之至也。且"因采购者众，山已搜剔一空"。

进入现代社会以后，石斛提取物让爱美之人甘愿"掏空钱包"。法国品牌娇兰的兰花护肤系列由于添加了石斛兰成分，一瓶面霜的价格高达1万元人民币之多。

一般来说，吃起来黏且苦味较淡的石斛价格较高，此类石斛一般为霍山石斛、铁皮石斛、紫瓣石斛；吃起来苦味重的石斛价格较低，此类石斛一般为石斛（俗称金钗石斛）、流苏石斛（俗称马鞭石斛）和美花石斛等。

石斛本草

药用石斛是多部中医巨著总结出的医药精华，素有"北人参，南石斛"之美誉。但已发现的1450种石斛中，绝大部分是观赏性的花卉，能药用的不足百种。

石斛多附生于树干或岩石上，产于深山。开花虽多，但需要特定的昆虫协助才能完成授粉过程，结实率低；种子极为细小，须与真菌共生才能萌发，自然繁殖极其困难。几乎每一次毁灭性的掠夺后，野生石斛的休养生息时间均需超过100年。南宋后期已有高层人士感慨"药谱知曾有，诗题得未尝"。

1000多年前的道家医学经典《道藏》，就把"石斛、天山雪莲、三两重人参、百二十年首乌、花甲之茯苓、深山野灵芝、海底珍珠、冬虫夏草、苁蓉"列为中华九大仙草，其中，石斛被尊列为"中华九大仙草"之首，素有"药中黄金"之美称。

冬虫夏草　海底珍珠　深山灵芝　苁蓉　茯苓　首乌

1937年，一位来自日本的药用植物专家木村康一从上海药材市场收集了中国各地的枫斗达12份之多，包括云南枫斗、老枫斗、广东顶上枫斗、云南大黄草枫斗、老河口无芦枫斗、耳环石斛、云南中枫斗、贵州中枫斗、安徽中等枫斗、云南沪西铁皮枫斗、江西抚州顶老枫斗及福建枫斗等。枫斗是利用石斛植物的肉质茎，经过整理、烘焙、卷曲、加箍、干燥等工序，最后形成的一种螺旋状、两头稍平、中间圆胖如腰鼓一般的药材。鉴定发现，这些枫斗主要是铁皮石斛，少部分为细茎石斛。

人参

天山雪莲

石斛

道藏

铁皮石斛

铁皮石斛入药的部位是它生命力最强的茎。

当夏天的阳光直射崖壁时，气温常常很高，为了保护身体的主干，铁皮石斛会产生大量的化合物，增加体液黏稠度，锁住水分，这让它即使身处炎热的石壁也傲然挺立。这些化合物是铁皮石斛药性的主要来源。

现代医学表明，石斛有多糖、生物碱、毛兰素等多种化合物。其中，多糖可增加免疫力、抗氧化、降血糖；生物碱可抗肿瘤及止痛退热；毛兰素具有抗肿瘤活性。

铁皮石斛的多糖含量能达到惊人的40%以上，作为对照，山参、燕窝、灵芝里的多糖含量，不到铁皮石斛的1%。2010年版《中国人民共和国药典》将铁皮石斛从石斛类中药材中单列，认为其在"益胃生津、滋阴清热"上功效卓著。

此外，铁皮石斛中共含有17种氨基酸，其中包含人体所需的8种必需氨基酸。这8种氨基酸中含量较高的是天冬氨酸、谷氨酸、甘氨酸、缬氨酸和亮氨酸，占到总氨基酸含量的53%。

铁皮石斛采收时，茎秆会被采收，并加工成各种产品，而叶片往往会被丢弃。然而，最近的研究发现，铁皮石斛的叶片也富含水溶性多糖和类黄酮等大量可供利用的活性物质，具有很高的利用价值。

嘿，你的生活被这些植物改变了

科技改变斛生

历史上一些药农试图将从山上采下的野生铁皮石斛移栽种植。但是桀骜不驯的铁皮石斛似乎不太愿意被豢养：石斛病虫害发生严重，且水浇多了极易烂根，产量极低。

2003 年，中国科学院华南植物园的石斛栽培跟别处有点不一样：这里的石斛既不是在石上，也不在树上，它们被养在一个架空的苗床上，这种技术使得石斛单位面积产量大幅增加，石斛产能迅速扩大。

苗床架空栽培技术发明后，结合人工授粉、无菌播种和组织培养技术，科学家们还发明了一种铁皮石斛种苗高效繁殖方法，大大缩短了铁皮石斛果实的成熟期，高效且无病虫害，能周年生产铁皮石斛种子，成苗的移栽成活率可达 95% 以上，为铁皮石斛种苗的繁殖开辟了一条新的途径。

新的铁皮石斛品种也不断被培育出来了。

'中科 1 号' 铁皮石斛有着极强的生命力，不容易生病，茎秆壮实又饱满。

'中科从都 2 号' 铁皮石斛抗逆性强。

'中科 3 号' 和 '中科 4 号' 铁皮石斛抗病性强，在种植过程中可以做到不使用杀菌剂等农药来防控病害，从而大幅度降低了农药的使用和产品的农药残留。

'中科 5 号' 铁皮石斛直立性好、抗性强、观赏价值高。

苗床架空栽培技术和中科系列的石斛品种一经推出就受到了农户的欢迎，推广面积位居全国铁皮石斛品种之首。

随着种植技术不断成熟及品种更新换代，石斛的价格下降，逐渐走进寻常百姓的餐桌。

📖 目前，尚没有科学的比较研究证明野生铁皮石斛比人工种植的好。在成分方面，两者没有明显差别，甚至在多糖含量方面，人工种植的还会比野生的更高。

一 本章石斛哪些内容让我印象深刻？请勾选。（可多选）

1. 石斛都有哪些用途：☐药用　☐食用　☐材用　☐观赏

2. 说说你知道的能够药用的石斛有哪些？（可多选）

☐铁皮石斛　　☐美花石斛　　☐紫皮石斛　　☐金钗石斛

3. 价格更高的石斛有哪些表现？（可多选）

☐吃起来黏，苦味较淡　　　　☐吃起来苦味重

4. 种植石斛需哪些条件？（可多选）

☐光照充足　☐空气干燥　☐空气湿润　☐悬挂或架空

5. 石斛的病虫害有哪些？（可多选）

☐根腐病　☐枯叶病　☐蚜虫　☐蜗牛

二 猜猜下边哪些植物是石斛的亲戚？可多选。【　　　】

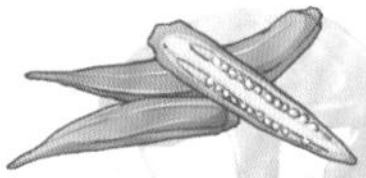

A. 秋葵 　　　　B. 国兰 　　　　C. 兜兰 　　　　D. 芝麻

（三）判断以下哪些环境可能生长石斛？可多选。　【　　　】

A. 森林里的树干

B. 黄土高坡

C. 悬崖的石壁

D. 海边

E. 林下土壤

（四）石斛可以怎么吃？

铁皮石斛

尝试临摹一幅吧

嘿，你的生活被这些植物改变了

第七章／木兰

一首《木兰辞》，让花木兰家喻户晓。

你可知道木兰花是怎样的花？

嘿，你的生活被这些植物改变了

此木兰非彼木兰

提起木兰，首先浮现在人们脑海中的多半是中国南北朝时期一位充满传奇色彩的巾帼英雄——花木兰。一首《木兰辞》，让花木兰孝悌忠信、代父从军的英勇事迹家喻户晓，流传至今已有1600多年。

但我们这里要说的木兰，是木兰科植物的总称，其家族约有300个成员，多数成员树姿雄伟、花大色丽、芬芳馥郁。最早、最可靠的大化石见于中国吉林，名字叫"始木兰"，其地质年代为早白垩纪的阿普第阶-阿尔布阶（距今约1.12亿年）。

早白垩纪是什么概念呢？小朋友们最喜欢的风神翼龙、三角龙和霸王龙都还没出生。其中的霸王龙同学，还要打怪升级5000年才成为霸王龙本霸。

木兰曾广布于北半球，然而在第四纪冰川期出现了大规模的灭绝。而幸存下来的，主要分布于亚洲东部及东南部、北美洲东南部、中美洲及南美洲。

作为常绿林到落叶林里的老寿星，木兰家族中最原始的类型为拥有挺拔树形与美丽花朵的木莲属成员。随着时间的推移，木兰家族逐渐壮大，不仅演化出身披"马褂"的鹅掌楸、香气袭人的含笑，还演变出"花时如玉圃琼林"的玉兰、单性异株的焕镛木等多样化的成员。

宜材宜药宜观赏

木兰多为高大乔木，树形优美，花大艳丽。作为一种原始古老的植物类群，在漫长的历史长河中，它们点缀了人类多个生活场景。

起初，木兰作为优良用材树种而被人知晓。战国时期《楚辞》记载："桂栋兮兰橑，辛夷楣兮药房"（《九歌·湘夫人》），即当时房屋建造用木兰做椽子（橑）、紫玉兰做次梁（楣）。秦代宗敏求在《长安志》载道："阿房宫以木兰为梁，以磁石为门"；南朝梁任昉在《述异记》中记载："木兰洲在浔阳江中，多木兰树。昔吴王

辛夷

阖闾植木兰于此，用构宫殿也。七里洲中，有鲁班刻木兰为舟，舟至今在洲中"，说明木兰不仅被发掘为建造宫殿、搭筑房屋的优良材料，还被名匠鲁班用来造船制桨。

随后，木兰被古人发掘为重要的中药材。东汉时期，我国最早的中药学专著——《神农本草经》对木兰药材的性味、主治、功效、别名及生境均有记载，且将其列为上品。汉末的《名医别录》对木兰的药用部位及性状、治症、药效、产地、采收期等做了重要补充。

秦统一中国后，始将木兰栽植于阿房宫和上林苑。两汉魏晋时期，皇家园林与宗室庭苑中都大规模栽种了各类观赏植物。《子虚赋》《上林赋》《甘泉赋》和《魏都赋》中，都有关于木兰和辛夷的记载。唐宋时期，上至帝王将相，下至寻常百姓，都以养花赏花为乐事，木兰花事之盛更是驰誉文人士大夫之间。明清两代，江南的文人造园活动达到了极盛的局面，苏州拙政园的"玉兰堂"和虎丘的"玉兰山房"，都是以玉兰为景点题名的赏花胜地，早春时节数十株玉兰"花时交映，如雪山琼岛"（明王世贞《弇山园记》）。

📖 《国家药典》规定中药辛夷为木兰科植物望春花、玉兰或武当玉兰的干燥花蕾。

枝枝转势雕弓动
片片摇光玉剑斜

灿烂的木兰文化

木兰走进人类生活后，激发了大批文人墨客的文学创作热情，纵观历史，或状物写实、或寄情言志，名言佳句千古传唱，丹青妙笔流芳百世。历史沉淀了木兰文化底蕴，木兰文化又在传承与演进中升华了历史。

最早如战国屈原《离骚》借木兰来抒发其高洁的人格："朝搴阰之木兰兮，夕揽洲之宿莽""朝饮木兰之坠露兮，夕餐秋菊之落英"。

后随着诗词文体的兴盛，以及木兰在园林中的广泛应用，吟咏木兰的文学作品不断涌现，尤以唐宋和明清为最。

唐代王维曾作《辛夷坞》诗云："木末芙蓉花，山中发红萼"，因辛夷的花开在枝条的末端，形似莲花，莲花亦称芙蓉，故以"木末芙蓉花"来借指辛夷。徐凝在《和白使君木兰花》中写道："枝枝转势雕弓动，片片摇光玉剑斜。见说木兰征戍女，不知那作酒边花"，由花联想到巾帼英雄花木兰，采用拟人手法将花与人融为一体，形象有趣。

宋朝木兰被赋予的文化内涵得到了极大丰富与充实，乃至以木兰为名形成了固定的词牌名，如"木兰花令""减字木兰花"。陆游也在《雨中游东坡》和《病中观辛夷花》两首诗中都提道："木莲花下竹枝歌，欢意无多感慨多""粲粲女郎花，忽满庭前枝"。

明代李贤在《大明一统志》中写道："五代时，南湖中建烟雨楼，楼前玉兰花莹洁清丽"，这是我国文献中首次使用"玉兰"之名。据王象晋《群芳谱》载："玉兰花九瓣，色白微碧，香味似兰，故名"，之后玉兰名称频繁出现于诗词文赋中。

清代恽寿平《玉兰》诗云："花期恐落辛夷后，不耐春风待叶稠"，赋予玉兰以人的意识，描绘出一幅玉兰与辛夷争春斗妍的画面。赵执信在《大风惜玉兰花》中以"如此高花白于雪，年年偏是斗风开"的诗句赞美了玉兰不畏恶劣环境，早春傲然开放的顽强精神。

木兰的形象也常见于陶瓷、玉雕、窗花、剪纸、刺绣等多个领域。

拯救木兰大行动

"明媚鲜妍能几时，一朝漂泊难寻觅。"经济利益的驱使让木兰的种类和数量急剧下降，毁林开荒及土地资源的不合理利用使木兰的家园遭到严重破坏，花美材优的木兰正面临着野外灭绝的威胁。全球木兰有31种极危、58种濒危、23种易危、9种近危。（数据来源：国际植物园保护联盟（BGCI）的木兰科植物红皮书）

濒危的木兰多原始种、特有种和孑遗种。近百年来，为了拯救野生木兰，我国成立了不少木兰救援队，致力于帮助木兰家族成员摆脱困境。

长梗木莲

广东龙门南昆山
省级自然保护区

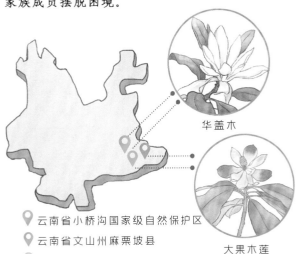

华盖木

大果木莲

 云南省小桥沟国家级自然保护区
 云南省文山州麻栗坡县
 云南马关古林箐省级自然保护区

在木兰珍稀濒危物种的家乡（分布区），为它们重建家园（自然保护区），可以恢复其植被和生境，促进自然种群繁衍。当前木兰分布的重要区域大多已建立了自然保护区，生境破坏和森林砍伐得到了一定的缓解。

当木兰家族原有生境支离破碎或不复存在时，迁地保护是它们生存的最后一根救命稻草。华南国家植物园陈焕镛院士于1956年开展木兰的引种、栽培和繁殖工作。1963—1964年先后发表了石碌含笑、观光木和绢毛木兰，壮大了木兰家族的队伍。

📖 迁地保护指为了保护生物多样性，把生存和繁衍受到威胁、种群难以维持的物种，在不破坏其生境的前提下，通过引种或采集繁殖材料，易地种植于植物园或濒危植物繁殖中心等地，进行特殊的保护和管理，是对就地保护的补充。

1963 年起，刘玉壶研究员从陈焕镛院士手中接棒研究木兰，全面研究木兰的发展和演变。研究团队将采集到的大量木兰种苗迁地保存至华南植物园内，建立了我国第一个木兰专类园。经过几十年的引种保育，目前，这个木兰专类园栽培木兰科植物 200 多种（含品种），是世界上木兰科种质资源最丰富、最具国际声誉的专类园。

1982 年，年近七旬的刘老冒生命危险深入中越边境，小心翼翼绕过地雷阵，在解放军战士的帮助下首次采集到正开花的大果木莲标本。

木兰的魔幻变身

木兰的种质资源丰富，其中不乏一些奇特的种类。例如，叶形似马褂的鹅掌楸，别名树上"郁金香"；花被片如星芒的星花木兰，别名树上"菊花"；花大色艳的红花木莲，别名树上"芙蓉"。

还有散发着香蕉气味的含笑，叶背金灿灿的广东含笑等等，大多数种类树形优美，花大艳丽，高洁典雅，色彩缤纷，且芳香怡人。

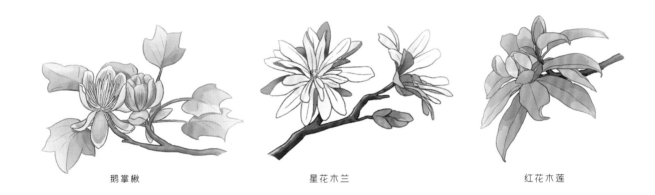

鹅掌楸　　　　　　　　星花木兰　　　　　　　　红花木莲

美国著名植物学家威尔逊（Erneset Henry Wilson）曾在他的论著中写道："没有任何其他一类乔灌木能比木兰科植物在园林园艺界更著名、更受赏识，也没有任何其他一类乔灌木能比木兰科植物盛开更大、更丰富多彩的花朵。"木兰早在唐代传入日本，18世纪被引入欧洲，而后广泛流传于欧美各地。

1820年，拿破仑战争中幸存的一位法国骑兵艾蒂安·苏兰格·博丁利用引自中国的玉兰和紫玉兰作亲本进行杂交，于1827年成功培育出世界上第一个木兰科植物品种——二乔玉兰。这是木兰变身的开端，此后，'维氏玉兰''Royal Crown''Sayonara''Pat's Delight''洛氏木兰'等品种层出不穷，育种技术的进步让木兰绽放千变万化的美。

国际木兰协会于1963年在纽约成立，是国际最权威且唯一的木兰品种国际登录机构，目前已经注册了上千个丰富多彩的园艺品种。

一　本章关于木兰的描述哪些是正确的？请勾选。

1. 木兰科中最进化的类群是什么？

☐ 木莲属　　　☐ 含笑属　　　☐ 木兰属　　　☐ 观光木属

2. 世界上第一个培育出的木兰植物品种是哪种？

☐ 杂种鹅掌楸　　☐ 二乔木兰　　☐ 星花木兰　　☐ 维氏木兰

3. 木兰科植物的共同特征是什么？（可多选）

☐ 木本　　☐ 花被片花瓣状　　☐ 雌雄同花　　☐ 虫媒传粉

4. 散发着香蕉气味的木兰科植物是什么？

☐ 紫玉兰　　☐ 鹅掌楸　　☐ 含笑　　☐ 星花玉兰

5. 木兰科中有多少种类被列为濒危物种？

☐ 9 种　　☐ 31 种　　☐ 23 种　　☐ 58 种

二　木兰科植物具有哪些用途？可多选。

【　　　　】

A. 材用　　　　　B. 药用　　　　　C. 食用　　　　　D. 观赏

三 木兰的种质资源丰富，其中有些种类因形态奇特而获得了一些外号，你知道下面这些外号说的是哪种木兰吗？请连线。

鹅掌楸 　　　　　　　星花木兰 　　　　　　　红花木莲

树上"芙蓉"　　　　树上"郁金香"　　　　树上"菊花"

四 我还从本章学到了什么？

山玉兰

尝试临摹一幅吧

参考答案

枸杞

一、1.土豆、番茄、辣椒、烟草；2.宁夏枸杞；3.碱性土、昼夜温差大、光照充足；4.感冒发烧的患者、孕妇、糖尿病患者；5.维生素C

二、

果实	长生草
叶	地骨皮
花	枸杞子
根皮	天精草

（果实—枸杞子，叶—天精草，花—长生草，根皮—地骨皮）

三、（A、B）

四、培育更适合做成果汁和即食鲜果的枸杞新品种，真空预冷，微孔膜气调包装，低温贮藏。

檀香

一、1.乔木；2.产于热带；3.药用——胸闷不适、清凉、头痛发热等；4.材用——工艺品、木刻；5.香用——熏香、焚香、精油等

二、（A）

三、（B）

四、参考答案：'打点滴'。可以给檀香树体内注射各种不同诱导子，来促进结香。

兜兰

一、1.唇瓣；2.引诱昆虫传粉；构成昆虫的传粉通道；3.杏黄兜兰；硬叶兜兰；4.风；5.立法禁止采挖；培育新品种；引种栽培；建立自然保护区

二、

小叶兜兰	模仿食源性植物黄花香
杏黄兜兰	尿素味道
长瓣兜兰	硕大的亮黄色的退化雄蕊
紫毛兜兰	黑色斑点

（小叶兜兰—尿素味道，杏黄兜兰—硕大的亮黄色的退化雄蕊，长瓣兜兰—模仿食源性植物黄花香，紫毛兜兰—黑色斑点）

三、（D）

四、诱变育种；转基因技术；基因编辑

茶

一 1. 成年期; 2. 叶片质地; 风味; 叶片大小;
3. 普洱茶变种; 4. 广东; 5. 颜色变异; 形状变异;
更抗旱; 更抗病虫害

 二（B）　三（B）

甘草

一 1. 甘草酸; 2. 甜味; 咸味; 3. 过敏性皮肤病; 肝病;
自身免疫相关性疾病; 新冠肺炎; 4. 光甘草定

二（A、B、C）　三（B）

石斛

一 1. 药用; 食用; 观赏; 2. 铁皮石斛; 美花石斛;
紫皮石斛; 金钗石斛; 3. 吃起来黏; 苦味较淡;
4. 隐蔽; 土壤湿润; 空气湿润; 悬挂或架空;
5. 根腐病; 枯叶病; 蚜虫; 蜗牛

二（B、C）　三（A、C）

四 鲜枝条: 直接食用或榨汁。干枝条: 炖汤, 研磨
成粉冲服。花: 泡茶饮, 凉拌, 炒菜。根: 不能吃。

木兰

一 1. 观光木属; 2. 二乔木兰; 3. 木本; 花被片花瓣状;
雌雄同花; 虫媒传粉; 4. 含笑; 5. 58 种

二（A、B、D）

 三

树上"芙蓉" —— 鹅掌楸
树上"郁金香" —— 星花木兰
树上"菊花" —— 红花木

参考文献

枸杞

郭玉琴,祁伟,刘冰,等.枸杞新品种杞鑫3号[J].黑龙江农业科学,2018,286(04):167-168.

齐国亮.气象因子对宁夏枸杞外观品质及药用成分多糖积累的影响[D].银川：宁夏大学,2015.

施杨,危春红,陈志杰,等.枸杞鲜果采后生理及保鲜技术研究进展[J].保鲜与加工,2016,16(03):102-106.

杨天顺,董静洲,岳建林,等.枸杞新品种'中科绿川1号'[J].园艺学报,2015,42(12):2557-2558.

朱永兴,韩学宏,武东坡,等.枸杞道地性与其根际微生物的研究进展[J].中国农学通报,2013,29(34):40-43.

赵明宇.枸杞子的药理作用及临床应用研究[J].北方药学,2018,15(04):156.

赵佳琛,金艳,闫亚美,等.经典名方中枸杞及地骨皮的本草考证[J].中国现代中药,2020,22(08):1269-1286.

中国科学院中国植物志编辑委员会.中国植物志[M].北京：科学出版社,1993.

檀香

高泽正,伍有声,董祖林,等.檀香主要害虫的生活习性与防治[J].中药材,2004,8(2):549-551.

刘华杰.洛克与夏威夷檀香属植物的分类学史[J].自然科学史研究,2013,1:112-128.

李凯夫,邓和大,陈策,等.三香宝典——降香、檀香、沉香树木栽培与应用[M].北京：中国林业出版社,2015.

许明英,李跃林,任海,等.檀香在华南植物园的引种栽培[J].经济林研究,2006,24(3)：39-41.

杨虹.檀香木雕刻艺术及价值分析[J].上海工艺美术,2022（2）,3.

ROCK J F. The Indigenous Trees of the Hawaiian Islands [M]. Honolulu T.H.: Published under Patronage, 1913.

ROCK J F. The Sandalwoods of Hawaii [J]. Mid-Pacific Magazine, 1917, 13(4): 356-359.

刘仲健，陈心启，陈利君，雷嗣鹏.中国兜兰属植物[M].北京：科学技术出版社，2009.

刘可为,刘仲健,雷嗣鹏,等.杏黄兜兰传粉生物学的研究[J].深圳特区科技,2005(00):171-183.

龙波,龙春林.兜兰属植物及其研究现状[J].自然杂志,2006(06):341-344.

任宗昕,王红,罗毅波.兰科植物欺骗性传粉[J].生物多样性,2012,20(03):270-279.

史军,程瑾,罗敦，等.利用传粉综合征预测:长瓣兜兰模拟繁殖地欺骗雌性食蚜蝇传粉[J].植物分类学报,2007(04):551-560.

孙音,郝军,房义福，等.60Co-γ辐射对兜兰组培苗的诱变效应[J].中国农学通报,2022,38(15):45-52.

尹玉莹,房林,李琳，等.兜兰属植物花期调控研究进展[J].热带作物学报,2022,43(04):769-778.

裔景.四种兜兰的菌根真菌及共生萌发研究[D].北京：北京林业大学,2017.

杨颖婕,黄家林,胡虹,等.中国兜兰属植物种质资源保护和利用研究进展[J].西部林业科学,2021,50(05):108-112+119.

曾宋君.探寻自然奥秘助推兜兰产业发展 ——华南植物园兜兰属植物的保护和利用研究[J].科技成果管理与研究，2020,（3）：87-89.

曾宋君,郭贝怡,孔鑫平，等.兜兰离体快繁技术研究进展[J].热带作物学报,2020,41(10):2080-2089.

张敬虎,康红涛,邹金美,等.兜兰无菌播种与组培技术研究进展[J].福建热作科技,2017,42(02):61-64.

陈慈玉.近代中国茶业之发展 [M].北京：中国人民大学出版社，2013.

纪娟丽.那些去过太空的茶 [EB/OL].(2021-5-28)[2022-3-14]https://wenku.baidu.com/view/a50efe4fe-b7101f69e3143323968011ca300f7c2.html?_wkts_=1681119820003&bd-Query=%E5%93%AA%E4%BA%9B%E5%8E%B-B%E8%BF%87%E5%A4%AA%E7%A9%BA%E7%9A%84%E8%8C%B6.

路国权,蒋建荣,王青,等.山东邹城邾国故城西岗墓地一号战国墓茶叶遗存分析 [J].考古与文物,2021(05):118-122.

罗伯特·福琼,ROBERT F.两访中国茶乡 [M].南京：江苏人民出版社，2015.

宛晓春.茶叶生物化学 [M].北京：中国农业出版社，2003.

袁祯清,宋伟.宋元时期蒸青制茶技艺东传及发展考略 [J].中国农史,2022.

于观亭,爱群.中国茶道简明读本 [M].北京：新华出版社，2013.

杨子银,吴淑华,辜大川.茶小绿叶蝉侵害对茶树生长和茶叶品质影响的研究进展 [J].茶叶通讯，2022，49（01）：1-11.

周浙昆.漫话茶叶——何为茶？（上）[EB/OL].(2019-4-23)[2021-5-2].https://wap.sciencenet.cn/blog-52727-1081948.html?mobile=1.

BILL L.《Fifty Plants that Changed the course of History》[M].Totonto:Firefly Books,2011.

ENHUA X. The Reference Genome of Tea Plant and Resequencing of 81 Diverse Accessions Provide Insights into Its Genome Evolution and Adaptation[J]. Molecular plant,2020(7):1013-1026.

刘秋根,刘新龙.晚清民国时期北部边疆甘草市场及国际贸易 [J].中国社会经济史研究,2022,4:71-82.

李合敏,李香菊.甘草资源的开发利用价值及其保护.资源开发与保护,1989(4):62-63.

梁新华.人工种植甘草质量调控研究基础 [M].银川：宁夏人民出版社，2017.

马君义.国产四种甘草次生代谢产物的研究 [D].兰州：西北师范大学，2004.

杨春花.不同产地甘草的质量评价研究 [D].长春：吉林农业大学，2006.

袁慧,徐潘依如,王科举,等.神奇甘草成库布齐沙漠治沙先锋 [N/OL].中国日报，(2018-01-12)[2021-09-20]https://baijiahao.baidu.com/s?id=1606844241314224755&wfr=spider&for=pc.

郑权.4款甘草食品制作工艺 [J].农村新技术,2011,2(34)38-39.

郑虎占,董泽宏,余靖.中药现代研究与应用 [M].北京：学苑出版社,1997.

MIKE M. 2019,英国"最古老糖果店"里的古早味甘草糖[J].海外星云,2019(17).

嘿，你的生活被这些植物改变了

石斛

段俊.铁皮石斛高效栽培技术[M].福州:福建科学技术出版社,2013.

谯德惠,陆然.铁皮石斛:药用价值更胜一筹[J].中国花卉园艺,2014(05):26-28.

王爱华,黎静,曾宋君,等.铁皮石斛离体开花结实研究初报[J].贵州农业科学,2014,42(03):34-37.

张春花,徐巧林,曾雷,等.铁皮石斛叶的化学成分研究[J].林业与环境科学,2020,36(03):30-34.

郑秀妹,陈张勇.石斛的药用价值及真伪鉴别[J].中国医学创新,2009,6(22):160-162.

木兰

刘玉壶,夏念和,杨惠秋.木兰科(Magnoliaceae)的起源、进化和地理分布[J].热带亚热带植物学报,1995(04):1-12.

刘玉壶,周仁章,曾庆文.木兰科植物及其珍稀濒危种类的迁地保护[J].热带亚热带植物学报,1997(02):1-12.

倪天宇,张水利,汤丽,等.经典名方中辛夷的本草考证[J].中国实验方剂学杂志,2023,29(08):80-92.

许元明,农娟,庞怀英.木兰科植物的研究进展[J]绿色科技,2013,02:74-76.

王献溥,蒋高明.中国木兰科植物受威胁的状况及其保护措施[J].植物资源与环境学报,2001(04):43-47.

王晶,王先磊,赵强民,等.木兰科植物杂交育种研究进展[J].安徽农业科学,2014,42(16):5084-5087.

王若涵.木兰属生殖生物学研究及系统演化表征探析[D].北京:北京林业大学,2010.

章承志.辛夷——观赏药用两相宜[J].浙江林业,2003(02):27.